케이 킴의 깔끔 요리

케이 킴의 깔끔 요리

북하우스엔

요리책을 쓴다고 하니까 여러 권의 책을 내셨던 어머니께서 쉽게 생각하면 절대 안 된다고 하신 말씀이 이 책을 쓰는 내내 생각났습니다. 가족들이 좋아하는 요리를 내 아이들과 가까운 친지들에게 알려주고 싶다는 생각에서 책을 쓰기 시작했고, 그에 걸맞는 만들기 쉽고 맛있는 요리를 소개하고 싶었습니다. 책을 만드는 동안 여러 가지 힘든 점도 많았지만 다 끝낸 지금은 밀렸던 숙제를 다 한 것처럼 뿌듯함이 느껴집니다.

먼저 이런 기회를 주신 하나님, 그리고 책을 낸다는 사실을 누구보다 기뻐하며 힘들 때마다 격려해주고 사진에 관한 기술적인 자문까지 맡아준 남편에게 감사의 마음을 전하고 싶습니다. 또 요리를 하실 때마다 학생을 가르치듯 어린 딸에게 재료의 중요성과 영양성분까지 꼼꼼하게 설명해주셨던 어머니, 여러 가지 다양한 음식들을 접할 수 있도록 해주셨던 돌아가신 아버지, 늘 엄마의 음식이 세상에서 제일 맛있다고 말해주는 아이들, 책을 써보라고 용기를 준 동생 내외에게도 감사합니다. 책을 쓰면서 어렵고 힘들어할 때마다 자신감을 불어넣어준 친구 Laura, 처음 책을 낼 때 도움을 주었던 보영, 유리, 선영 씨와 늘 관심과 격려를 아끼지 않았던 〈케이 킴의 깔끔 요리〉 칼럼 독자분들께 특별한 감사를 전하고 싶습니다. 마지막으로 요리 전공자도 아닌 저를 믿고 책의 출간을 위해 수고해주신 북하우스 분들께도 고맙다는 말을 전하고 싶습니다.

많은 사람이 이 책을 통해 음식을 만드는 재미뿐 아니라 요리를 통해 가족과 친지들에게 사랑을 나누는 기쁨도 함께 느낄 수 있게 되기를 바랍니다.

2011년 3월 미시간에서
케이 킴

contents

일러두기

1. 이 책에 나오는 레시피는 대부분 4인 가족 기준입니다.(2인 기준인 경우는 따로 표기해두었습니다.)
2. 1큰술은 15ml, 1작은술은 5ml입니다(1큰술=3작은술).
3. 이 책에 쓰이는 1컵은 240ml입니다.(200ml 컵을 쓰시는 분들은 주의해주세요.)

베이식 소스 활용법

케이 킴 요리의 기본이자 각종 요리에 활용하면 훌륭한 맛을 내주는 만능 베이식 소스는
식초와 설탕과 소금을 5:4:1의 비율로 배합한 것으로, 구절판, 탕평채, 샐러드, 무침요리, 김밥 등에 다용도로 쓰입니다.
어느 집에나 있는 소금과 설탕 같은 평범한 재료가 얼마나 놀라운 맛과 효과를 내는지 경험해보세요.

◀ 베이식 소스 만들기와 활용법

식초, 설탕, 소금을 5:4:1의 비율로 잘 섞습니다. 설탕이 잘 녹지 않을 경우에는 전자레인지에 넣고 살짝 데우면 잘 녹아요.
베이식 소스는 미리 만들어 냉장고에 넣어두면 좋아요. 필요할 때마다 꺼내 요긴하게 쓸 수 있고 요리 시간도 절약된답니다. 냉장고에 베이식 소스와 기본 식재료만 있으면 갑자기 손님상을 차려내야 하는 경우에도 걱정이 없어요.

▲ 굴생채, 홍어회 무침, 골뱅이무침 등 각종 무침요리를 만들 때 베이식 소스에 추가로 파, 마늘, 고춧가루만 넣어주면 새콤달콤한 무침이 완성됩니다.

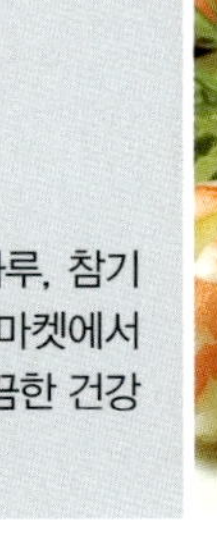

▶ 베이식 소스에 다진 마늘과 후춧가루, 참기름만 더해서 샐러드에 뿌려주면 슈퍼마켓에서 파는 시판 드레싱보다 훨씬 맛있고 깔끔한 건강 드레싱을 만들 수 있어요.

▶ 초밥이나 김밥, 캘리포니아 롤 등을 만들 때 단촛물로 써도 좋답니다.

▼ 담근 지 얼마 안 돼 덜 익은 김치를 상에 내야 할 때 베이식 소스를 뿌려주면 김치가 새콤달콤해집니다.

◀ 물에 갠 겨자를 베이식 소스와 배합하고 후 춧가루와 참기름만 살짝 넣어주면 간단하게 겨자 소스가 완성됩니다. 구절판, 탕평채, 해파리냉채 같은 요리의 소스로 활용하면 좋아요.

PART1 BRUNCH & SALAD

새우 오믈렛

노란 달걀지단 속에 담백한 새우와 색색의 야채를 넣은 뒤 와인으로 단맛과 향을 더한 특별한 오믈렛이에요.
손님이 오셨을 때나 주말 아침 브런치로 색다르고 화려한 오믈렛을 만들어보세요.
남은 소스에 토스트를 찍어 먹는 맛도 특별하답니다.

• 달걀 8개, 잘 풀어둔다(달걀 2개가 1인분) • 작은 새우 20개, 껍질을 벗기고 잘게 썰어둔다

• 호박 1개, 깍둑썰기 해둔다 • 양파 1개, 깍둑썰기 해둔다 • 다진 파슬리 1작은술

• 다진 마늘 1/2작은술 • 케첩 1/2컵 • 와인(또는 맛술) 4작은술 • 소금, 후춧가루 약간씩

달군 프라이팬에 기름을 넉넉히 두르고 다진 마늘과 새우를 넣어 볶는다. 새우가 익어서 선홍빛이 돌면
양파와 호박을 넣어 함께 볶은 후 케첩과 소금, 후춧가루로 간을 하고 와인(또는 맛술)을 넣어 살짝 한번
더 볶아 향을 더한다. 풀어놓은 달걀에 소금간을 한 다음 달군 프라이팬에 기름을 두르고 달걀을 부어 앞
뒤로 잘 익힌다. 달걀지단 가운데 새우야채볶음의 적당량을 놓고 돌돌 말아 접시에 담는다. 마지막으로
파슬리로 장식한다.

tip 와인이 증발하면서 해산물의 비린내와 육류의 누린내를 잡아주고 풍미를 더해줍니다.
　해물요리에는 화이트와인, 육류요리에는 레드와인을 쓰고,
　남은 와인은 지퍼 백에 조금씩 담아 냉동실에 얼려두었다 쓰면 좋아요.

같은 재료 다른 요리

속 재료 볶은 것을 따로 담아
토스트와 치즈, 과일 등을
곁들여도 좋아요.

새우 조개관자 파스타

새우와 조개관자에 매콤한 고추를 넣어 파스타를 만들어보세요.
파스타하면 흔히 토마토소스를 넣은 포모도로 스파게티를 떠올리지만,
언제부턴가 저희 집에서는 토마토나 크림소스가 아닌 올리브유를 넣어 볶은 파스타를 더 즐기게 됐답니다.
샐러드를 곁들이면 손님초대 요리로도 손색이 없어요.

- 새우 12개, 소금물에 씻어 물기를 빼둔다 • 조개관자 12개, 소금물에 씻어 물기를 빼둔다
- 스파게티 면 4인분(소금 약간, 올리브유 1큰술) • 마늘 4개, 저며둔다 • 붉은 피망 1/2개, 잘게 썰어둔다
- 매운 청고추 2개, 잘게 썰어둔다 • 디진 파슬리 2큰술 • 맛술 1큰술 • 올리브유 3큰술
- 후춧가루, 갈릭솔트 약간씩

냄비에 물을 넉넉히 붓고 소금과 올리브유를 넣어 스파게티 면을 삶는다.(면을 삶을 때는 포장용기에 표기된 시간에 맞추어 삶아낸 후 찬물에 헹구지 말고 그대로 체에 밭친다.) 달군 팬에 올리브유를 두르고 저민 마늘과 붉은 피망, 매운 청고추를 넣고 볶다가 손질한 새우와 조개관자를 넣어 익힌다. 갈릭솔트와 후춧가루로 간을 한 다음 삶아놓은 스파게티를 넣어 함께 가볍게 볶아낸 후 위에 파슬리를 뿌려낸다.

tip 이 요리에서는 매운 청고추가 해산물의 맛과 향을 그대로 살려주면서 감칠맛은 더해주는 중요한 역할을 한답니다.
　　완성된 스파게티는 냉장고에 넣어두었다가 다음날 데워먹어도 양념이 잘 배어들어 맛있어요.

영 양 이 골 고 루

햄 치즈 머핀

한손에 쏙 들어오는 머핀 속에 햄과 치즈, 야채가 듬뿍 들어 있는 요리예요.
넣는 재료에 따라 맛과 모양, 영양도 달라지지요.
아침식사나 아이들 영양간식으로도 좋고,
생일 파티나 모임 같은 자리에 직접 만들어 내놓으면 인기 만점이랍니다.

A • 밀가루 2컵 • 설탕 1/4컵 • 베이킹파우더 2작은술 • 소금 1작은술 • 후춧가루 1/4작은술

B • 달걀 6개 • 우유 1컵

C • 작은 양파 1개, 잘게 다진다 • 햄 1/2컵, 작게 깍둑썰기 한다 • 체다 치즈 1/2컵, 채 썬디
　　• 베이컨 1/3컵, 프라이팬에 구워 햄과 같은 크기로 썬다 • 브로콜리 1/3컵, 살짝 데쳐서 잘게 썰어놓는다

오븐을 180도(화씨 350도)로 예열한다. **A**의 밀가루와 설탕, 베이킹파우더, 소금, 후춧가루는 체에 내려
놓고, **B**의 달걀과 우유는 잘 섞어둔다. 그릇에 **A**와 **B**를 넣고 잘 섞어 반죽을 만들고 준비해둔 **C**를 넣어
준다. 머핀 틀에 기름종이컵을 넣거나 들러붙지 않게 기름을 칠하고 반죽을 2/3 정도 채운 다음 예열해
놓은 오븐에서 35분간 굽는다. (오븐의 화력에 따라 시간을 조절한다.)

tip 머핀에는 베이킹소다보다는 베이킹파우더를 넣는 것이 좋아요.
베이킹소다는 알칼리성이기 때문에 떨떠름한 맛과 냄새가 나고 밀가루의 색도 약간 변하기 때문이죠.
베이킹파우더는 떨떠름한 맛을 줄이기 위해 산성 물질을 소다와 혼합하여 개량한 것이랍니다.

저는 '내 가족이 제일 큰손님이다'라고 생각하며 삽니다.
그래서 남편과 단둘이 식사를 할 때도 손님을 초대했을 때처럼 상차림에 신경을 써요.
이런 마음을 지니면 적어도 식탁 앞에서만은 세상에서 제일 행복한 가족이 되죠. 무엇보다 내가 행복해진답니다.

오믈렛

주말 아침 브런치를 하는 식당에 가면
즉석에서 원하는 재료를 넣어 오믈렛을 만들어주지요.
그 기억을 되살려 엄마가 직접 색색의 야채와 햄, 치즈 등을 준비해
아이들이 원하는 오믈렛을 만들어보세요.
집에서도 아주 특별한 주말 아침을 맞이할 수 있답니다.

- 달걀 8개, 잘 풀어둔다 • 양송이버섯 2개, 잘게 썬다
- 잘게 썬 청 · 홍 피망 4큰술 • 다진 양파 4큰술 • 잘게 썬 햄 4큰술
- 잘게 썬 파 4큰술 • 채 썬 치즈 4큰술 • 파슬리 약간

프라이팬에 기름을 넉넉히 두르고 팬이 달궈지면 치즈를 빼고 원하는 재료들
을 1큰술 정도씩 넣고 볶는다. 살짝 익으면 볶은 재료가 덮일 정도의 달걀을 부
어 앞뒤로 잘 익힌 후, 달걀 가운데 채 썬 치즈를 올려 가장자리부터 말아 접시
에 옮겨 담는다. 마지막으로 파슬리로 장식한다.

프렌치토스트

도톰하게 썬 하얀 빵을 달걀에 푹 적셔서
프라이팬에 구워낸 프렌치토스트는 누구나 좋아하는 아침 메뉴지요.
보통은 시럽을 부어 먹지만 새하얀 슈거파우더를 뿌려 멋을 내고
과일을 곁들이면 깔끔한 맛을 느낄 수 있어 더욱 좋아요.

• 프렌치 바게트(또는 식빵) 8장. 바게트는 얇게 썰고 식빵은 2등분한다 • 달걀 3개, 잘 풀어둔다
• 휘핑크림(또는 생크림) 3큰술 • 슈거파우더 3큰술 • 장식용 과일 약간

풀어놓은 달걀에 휘핑크림을 넣고 잘 섞은 후 빵을 담가 30초 정도 푹 적신다. 중간 불로 달군 프라이팬을 종이타올에 기름을 묻혀 코팅해준 다음 달걀에 적신 빵을 노릇하게 지져낸다. 먹기 전에 슈거파우더를 뿌리고 과일을 곁들여낸다. 기호에 따라 시럽이나 시나몬 가루를 뿌려도 좋다.

tip 빵은 바게트를 사용하는 것이 제일 맛있답니다. 식빵을 사용할 경우에는 조금 도톰한 것으로 고르면 좋아요.

스테이크 샐러드

샐러드는 보통 스테이크를 먹을 때 곁들여 내지만
잘 구운 스테이크와 새싹채소를 한 접시에 담고 드레싱을 끼얹으면
함께 어우러진 그 맛에 누구나 반하고 만답니다.
색다른 음식이 먹고 싶을 때 한번 만들어보세요.

- (2인분) 스테이크용 고기 450g(1lb) • 샐러드용 야채 1컵, 씻어서 물기를 빼둔다

밑간양념 • 올리브유, 소금, 후춧가루 약간씩

샐러드 드레싱 • 레드와인 식초 2큰술 • 설탕 1큰술 • 소금 1/4작은술
• 올리브유 2큰술 • 다진 파슬리 1작은술

스테이크용 고기는 소금, 후춧가루, 올리브유로 밑간을 하고 뜨겁게 달군 그릴에 앞뒤로 약 3분 정도씩
익힌 후 도톰하게 썰어둔다.(오븐이 없을 때는 프라이팬에서 앞뒤로 뒤집어가며 익힌다.) 레드와인 식초,
설탕, 소금, 올리브유, 다진 파슬리를 잘 섞어 드레싱을 만든 후, 준비해놓은 샐러드용 야채를 버무려 썰
어놓은 스테이크와 함께 접시에 담아낸다.

참치 샐러드

신선한 참치를 소스에 재워두었다가 겉만 살짝 익혀낸 요리예요.
만들기는 간단하지만 맛도 상큼하고 색감도 화려해서
손님상에 애피타이저로 내면 좋은 요리랍니다.

• (2인분) 스테이크용 참치 450g(1lb) • 새싹채소 1컵, 씻어서 물기를 빼둔다 • (선택 사항)레몬 약간

참치용 소스 • 다진 생강 1큰술 • 다진 마늘 2작은술 • 간장 1/3컵 • 꿀 2작은술 • 흑설탕 2작은술
• 깨소금 1큰술 • 참기름 1작은술 • 식물성 오일 1큰술 • 맛술 1큰술 • 와사비 갠 것 1작은술

샐러드 드레싱 • 레드와인 식초 2큰술 • 설탕 1큰술 • 소금 1/4작은술 • 올리브유 2큰술 • 다진 파슬리 1작은술

참치를 만들어둔 소스에 넣어 30분 정도 재운 다음, 달군 프라이팬에 기름을 두르고 잘 돌려가며 겉만 살짝 익힌다. 익힌 참치를 재빨리 냉동실에 넣어 5분 정도 식힌 다음 도톰하게 썰어서 접시에 담고 드레싱을 뿌린 새싹채소를 곁들여낸다.

슈 치킨 샐러드

담백한 닭 가슴살로 만든 샐러드를 고소한 슈크림 껍질 속에 넣어 멋을 낸 요리랍니다.
모양도 예쁘고 맛도 좋아서 아이들 간식이나 친구들과의 점심모임에
샌드위치 대신 내면 좋아요.

- 닭 가슴살 450g • 샐러리 1토막 • 마늘 1개, 저며둔다 • 잘게 썬 샐러리 1/2컵 • 잘게 썬 쪽파 1/2컵
- 잘게 썬 홍피망 1/3컵 • 마요네즈 2큰술 • 머스터드 1큰술 • 소금, 후춧가루 약간

슈 재료(20개분) • 밀가루 1컵, 체에 쳐놓는다 • 버터(또는 마가린) 113g(4oz) • 달걀 4개 • 물 1컵

슈 만들기 냄비에 물 한 컵을 부어 끓인 후 버터를 넣고 완전히 녹을 때까지 저어준다. 다 녹으면 불을 끄고 재빨리 체에 쳐놓은 밀가루를 넣고 익반죽하여 뭉치지 않고 매끈하게 될 때까지 잘 섞어준다. 그런 다음 반죽 속에 달걀을 하나씩 넣어가며 젓는다.(처음에는 반죽이 분리되는 것처럼 보이지만 계속 저으면 다시 뭉친다.) 완성된 반죽을 숟가락이나 짤 주머니를 이용하여 오븐용 팬 위에 지름 2cm 정도의 크기로 봉긋하게 간격을 두어 짜놓고, 200도(화씨 390도)로 예열해놓은 오븐에서 15분 동안 굽다가 온도를 낮추어 180도(화씨 350도)로 20분 정도 더 굽는다.

샐러드 만들기 끓는 물에 닭 가슴살과 샐러리, 마늘을 넣고 삶은 후 식혀서 닭 가슴살을 작게 깍둑썰기를 해놓는다. 큰 그릇에 닭 가슴살과 잘게 썰어놓은 샐러리, 홍피망, 파를 담고 마요네즈, 머스터드, 소금, 후춧가루를 넣은 후 잘 섞어준다. 구운 슈를 반 갈라 그 안에 닭 가슴살 샐러드를 채워준다.

tip 만들어놓은 슈를 오래 보관하고 싶으면 냉동실에 넣어두었다가 상온에서 해동하면 된답니다.
　　만들어서 바로 먹는 것이 가장 맛있지만 냉장고에 하룻밤 두었다 먹어도 괜찮아요.

미시간 샐러드

미국 내에서 체리가 가장 많이 나는 미시간에서는
샐러드를 만들 때 말린 체리를 자주 이용하곤 해요.
새콤달콤한 체리와 아보카도, 블루치즈의 고소한 맛이 함께 어우러져
한층 더 풍부한 맛의 샐러드를 만들 수 있답니다.

• 말린 체리 1/2컵 • 아보카도 1개, 껍질을 벗겨 씨를 제거하고 깍둑썰기를 해둔다 • 블루치즈 1/2컵
• 새싹채소 2컵, 씻어서 물기를 빼둔다 • 채 썬 적양배추 1컵 • 잣 1/2컵, 프라이팬에 살짝 볶아둔다
드레싱 • 사과식초 4큰술 • 레몬즙 2큰술 • 꿀 2큰술 • 올리브유 2큰술 • 소금, 후춧가루 약간씩

접시 위에 새싹채소를 깔고 그 위에 채 썬 적양배추와 아보카도를 올린다. 블루치즈, 말린 체리, 볶은 잣
을 얹어 드레싱을 뿌려낸다.

tip 아보카도는 공기에 노출되면 쉽게 갈변하기 때문에 자른 뒤에는 밀폐용기에 넣어두거나 레몬즙을 뿌려두는 게 좋아요.

매시트포테이토

파삭한 감자를 푹 삶아 생크림과 버터로 부드러움을 더하고,
거기에 치즈와 갈릭솔트로 맛을 내면 영양만점 매시트포테이토가 완성됩니다.
한 끼 식사로도 충분해서 브런치 메뉴로도 좋아요.

● 감자 5개 ● 파르메산 치즈 가루 2큰술 ● 생크림(또는 우유) 1/2컵 ● 버터 1/2컵(1스틱)
● 갈릭솔트 1/2작은술 ● 다진 파슬리 2큰술 ● 후춧가루 약간

감자는 껍질을 벗겨 토막을 내서 찬물에 담가 삶아낸 후 뜨거울 때 으깬다. 으깬 감자에 생크림(또는 우유)과 버터를 넣고 잘 섞은 후 파르메산 치즈, 갈릭솔트, 후춧가루, 파슬리를 넣고 다시 잘 섞어준다.

tip 감자를 으깰 때는 핸드 믹서를 사용하면 편해요.

스위트 포테이토

잘 익힌 고구마에 흑설탕. 시나몬파우더, 피칸과 녹인 버터를 올린 후
오븐에 구워 그 위에 마시멜로를 얹어내는 요리로
원래는 추수감사절에 칠면조 구이와 같이 먹는 요리예요.
달달한 음식을 좋아한다면 브런치 디저트로 따끈한 차와 함께 먹어도 맛있답니다.

• 고구마(작은 것) 5개, 깨끗이 씻어서 먹기 좋은 크기로 자른다 • 흑설탕 1/3컵 • 시나몬파우더 1작은술
• 잘게 썬 피칸 2큰술 • 버터 2큰술 • 너트메그 1/2작은술 • 미니 마시멜로 1/2컵

준비해둔 고구마를 찜통에 넣고 잘 익을 때까지 찐다. 흑설탕, 시나몬파우더, 너트메그, 피칸을 섞은 후
고구마에 골고루 묻혀 오븐 접시에 담고, 녹여놓은 버터를 고구마 위에 골고루 끼얹어 190도(화씨 375도)
로 예열된 오븐에 넣어 20분 정도 구운 후 마시멜로를 얹어 5분 정도 더 구워낸다.

스프링 롤

스프링 롤의 생명은 바삭함에 있답니다.
한입 베어 물었을 때 느껴지는 속 재료의 담백함과 바삭하게 씹히는 맛은
생각만 해도 군침이 돌 정도예요.

스프링롤 스킨 10장, 상온에서 30분간 해동한다

소 재료 • 돼지고기 230g(0.5lb), 얇게 채 썬다 • 새우(작은 것) 10마리, 껍질과 내장을 제거하고 반으로 가른다
• 마른 표고버섯 3개, 불려서 채 썬다 • 부추 6줄기, 깨끗이 손질하여 3cm 길이로 썬다
• 숙주 200g(7oz), 물에 씻어 물기를 빼놓는다 • 달걀 1개, 지단을 부쳐 채 썬다

소 양념 • 생강즙 1작은술 • 다진 마늘 1/2작은술 • 간장 2큰술 • 맛술 1큰술
• 참기름 1큰술 • 소금, 후춧가루 약간씩

소 만들기 달군 프라이팬에 기름을 1큰술 두르고 숙주와 부추를 넣고 센 불에서 살짝 볶은 다음 소금과 후춧가루로 간을 해둔다. 새 프라이팬에 다진 마늘과 생강즙을 넣고 볶아 향을 낸 후 돼지고기를 볶다가 고기가 어느 정도 익으면 새우와 표고버섯, 달걀지단을 넣고 같이 볶아준다. 맛술과 간장으로 간을 하고 볶아둔 숙주와 부추도 함께 넣고 후춧가루와 참기름으로 맛을 낸다.

롤 말기 준비해놓은 소를 스프링롤 스킨 위에 적당량 올리고, 끝에 달걀흰자를 발라 풀리지 않도록 잘 만다.(피가 얇아서 속을 너무 많이 넣으면 터지기 쉬우므로 주의한다.)

튀기기 튀김용 팬에 식용유를 붓고 180도(화씨 350도)가 되면 스프링롤을 넣어 노릇하게 튀겨낸 후 기름을 빼준다.

tip 생강은 냉동실에 얼려두었다가 필요할 때마다 전자레인지에서 녹여 손으로 짜서 쓰면 편리해요.
또 즙을 짜고 남은 생강을 튀김요리 할 때 넣어주면 고기나 생선의 냄새를 제거하여 맛을 깔끔하게 해준답니다.

소프트셀크랩튀김

게는 성장하면서 몸집을 키우기 위해 여러 번 허물을 벗는데,
아직 덜 큰 작은 몸집의 게를 소프트셀크랩이라고 부른답니다.
소프트셀크랩은 껍질이 연하고 부드러워서 통째로 먹을 수 있어요.
간단하게 튀김옷을 입혀 바삭하게 튀겨주면
고소함이 가득한 진정한 게 맛을 느낄 수 있답니다.

- 소프트셀크랩(Soft-shell crab) 4마리 • 녹말가루 1/2컵 • 우유 1/2컵
- 갈릭솔트 1/2작은술 • 후춧가루, 파슬리 약간씩

냉동 소프트셀크랩을 소금물에 담가 녹인 다음 건져서 물기를 빼고, 우유에 30분 정도 담가 비린내를 제거한다. 녹말가루, 갈릭솔트, 후춧가루를 잘 섞어 물기를 제거한 소프트셀크랩에 골고루 묻힌다.(비닐봉지에 소프트셀크랩과 녹말가루를 넣고 공기를 불어넣어 흔들어주면 가루가 고루 잘 묻는다.) 180도(화씨 350도) 기름에서 앞뒤로 뒤집어가며 1~2분 정도씩 바삭하게 튀겨낸 후 파슬리로 장식한다.

껍질새우튀김

작은 새우를 껍질째 튀김옷을 입혀 튀긴 것으로,
바삭하게 껍질째 씹히는 새우의 맛도 일품이거니와
마늘과 매운 청고추의 맛이 느끼함을 없애주어서 입맛을 돋우는 요리예요.

- 중간 크기 새우 20개, 껍질째 씻어서 내장을 빼고 물기를 닦아둔다 ● 녹말가루 2큰술
- 갈릭솔트 1/4작은술 ● 매운 청고추 2개, 둥글게 썰어둔다 ● 후춧가루 약간

녹말가루에 갈릭솔트와 후춧가루를 넣고 잘 섞어 새우에 골고루 잘 묻힌다. 기름이 끓으면 먼저 둥글게
썬 매운 청고추를 선명한 색깔이 살도록 살짝 튀겨내고 준비한 새우를 넣고 바삭하게 튀겨낸 다음 기름
을 빼둔다. 튀긴 새우를 접시에 담고 그 위에 매운 청고추를 예쁘게 장식한다.

tip 비닐봉지에 새우와 녹말가루를 넣고 공기를 불어넣어 흔들어주면 녹말가루가 새우에 고루 잘 묻는답니다.
또 녹말가루에 파슬리를 넣어도 색다른 맛을 낼 수 있어요.

브로콜리 베이컨 키슈

키슈는 프랑스인들이 브런치로 즐겨먹는 메뉴로 의외로 만들기 쉬우면서도
맛있어요. 파이 크러스트 안에 우유, 달걀, 치즈, 야채 등을
넣어 구워내면 되니 아주 간단하죠? 브로콜리와 베이컨 외에도
그때그때 냉장고에 있는 재료들을 사용하여 다양한 키슈를 만들어보세요.

파이 반죽 재료 • 밀가루 1¼컵 • 소금 1/2작은술 • 버터 1/3컵 • 물 3~4큰술

파이 속 재료 • 브로콜리 1컵, 잘게 썬다 • 양송이버섯 1/2컵, 잘게 썬다 • 양파 1/2컵, 잘게 썬다
• 버터 2큰술 • 체다 치즈 3/4컵, 채 썬다 • 베이컨 6줄, 익혀서 잘게 썬다 • 우유 1 ½컵
• 달걀 4개, 잘 풀어둔다 • 소금, 후춧가루 약간씩

커다란 볼에 밀가루와 소금을 넣어 섞은 후 버터를 넣고 포크로 자르듯이 잘 섞어 빵가루처럼 만든다. 거
기에 물을 넣어 파이 반죽을 만들고 얇게 민 다음 파이 팬에 맞추어 동그랗게 잘라서 붙인다. 프라이팬에
버터를 녹인 후 중불에서 브로콜리와 양파를 살짝 볶고, 버섯을 넣어 잠깐 더 볶아낸 다음 파이 반죽 위
에 올린다. 그 위에 베이컨을 얹은 후 체다 치즈를 골고루 얹는다. 풀어놓은 달걀과 우유를 잘 섞은 다음,
소금과 후춧가루로 간을 하고 파이 위에 부어 180도(화씨 350도)로 예열된 오븐에 40분간 구워낸 다음 실
온에서 10분 정도 식혀준다.

tip 소개된 키슈 속 분량은 11인치 키슈 팬에 딱 맞는 양입니다. 가지고 있는 팬의 크기를 고려해서 내용물의 양을 조정해주세요.

프랑스인들이 아침식사 대용으로 즐긴다는 키슈(Quiche)는
원래는 독일에서 먼저 만들어 먹던 음식으로 독일말로 케이크란 뜻의 'Kuchen'에서 유래되었다고 하네요.

애플 브레드 푸딩

푸딩은 영국에서 처음 먹기 시작한 음식이에요.
긴 항해가 많았던 당시 영국인들은 먹고 남은 빵 부스러기에
밀가루, 달걀, 우유 등을 섞어서 쪄먹곤 했는데 이것이 푸딩의 시초랍니다.
여러분도 먹고 남은 식빵에 사과를 더해서
부드럽고 촉촉한 브레드 푸딩을 만들어보세요.
우유와 달걀의 고소함에 사과의 상큼함이 어우러져 아주 특별한 맛이 난답니다.

- 신맛 나는 사과 2개, 껍질과 씨를 제거하고 반달모양으로 썬다
- 식빵 6쪽, 8등분한다 • 럼 1큰술(또는 화이트와인 2큰술) • 설탕 1/3컵
- 소금 1/2작은술 • 달걀 4개, 잘 풀어둔다 • 우유 2컵 • 오렌지 제스트 1큰술
- 잘게 썬 피칸 1/4컵 • 바닐라 엑스트랙트 1작은술

깨끗이 씻은 오렌지를 껍질만 얇게 벗겨서 가늘게 채 썰어 오렌지 제스트를
만들어둔다. 준비해둔 팬에 재료가 들러붙지 않도록 오일을 바른 후 밑에 사
과를 깔고 그 위에 럼(또는 화이트와인)을 뿌리고 준비해둔 빵을 얹는다. 달
걀, 우유, 바닐라, 설탕, 소금을 잘 섞어 빵이 푹 젖도록 부은 후 오렌지 제스
트와 잘게 썬 피칸을 위에 골고루 얹어 180도(화씨 350도)로 예열한 오븐에서
40분간 구워낸다.

크레프

크레프는 여성들이 좋아하는 브런치 메뉴 중 하나지요.
얇고 둥근 크레프 전병에 야채와 치즈를 넣어 만들면 한 끼 식사로도 충분하고,
크레프 전병을 조금 달콤하게 만들어서
그 위에 아이스크림, 과일, 생크림을 얹으면 브런치나 후식으로도 좋답니다.
다양한 재료와 연출로 나만의 맛있는 크레프를 만들어보세요.

브로콜리 치즈 크레프

- 브로콜리 1컵, 데쳐서 잘게 썬다 • 블랙 올리브 10개, 둥글게 썬다 • 홍피망 1/2개(선택 사항), 잘게 채 썬다
- 마늘 4개, 얇게 저민다 • 채 썬 파르메산 치즈 가루 8큰술 • 올리브유 2큰술 • 소금, 후춧가루 약간씩

크레프 반죽 • 밀가루 1⅓컵, 체에 쳐놓는다 • 달걀 2개, 잘 풀어둔다 • 버터 3큰술, 녹여둔다
- 우유 2컵 • 소금 1/4작은술

블랜더에 달걀, 우유, 소금을 넣고 잘 섞은 후 순서대로 밀가루, 녹인 버터를 넣고 잘 섞어 크레프 반죽을
만든다. 반죽이 완성되면 냉장고에 넣어 1시간 이상 숙성시킨다.(하룻밤 정도 숙성시키면 더 좋다.) 달군
팬에 올리브유를 두르고 저민 마늘을 넣어 연한 갈색이 될 때까지 볶은 후 브로콜리와 검은 올리브, 홍피
망을 넣어 소금과 후춧가루로 간을 한다. 종이 타월에 기름을 묻혀 프라이팬을 코팅한 후 반죽을 3큰술
정도 붓고 팬을 돌려가며 얇게 크레프를 부친다. 크레프 위에 파르메산 치즈 가루를 뿌린 후 볶아둔 재료
들을 위에 적당히 얹은 후 돌돌 말아낸다.

tip 위의 재료 외에 다른 종류의 치즈나 햄, 아스파라거스, 달걀, 버섯, 고기 등을 넣어 만들어도 됩니다.

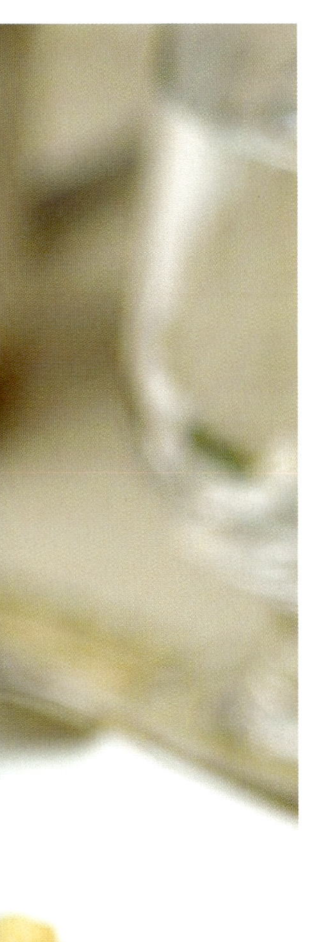

디저트 크레프

● 딸기 1컵 ● 망고 1개, 껍질을 벗긴 후 씨를 빼고 네모난 모양으로 잘게 썰어둔다
● 승도복숭아 1개, 깍둑썰기 해둔다 ● 키위 1개, 껍질을 벗긴 후 잘게 썰어둔다
● 장식용 슈거파우더와 생크림 약간씩 ● (선택 사항)각종 베리 1컵
크레프 반죽 ● 밀가루 1⅓컵, 체에 쳐놓는다 ● 달걀 2개, 잘 풀어둔다 ● 버터 3큰술, 전자레인지에 돌려 녹여둔다
● 우유 2컵 ● 소금 1/4작은술 ● 설탕 2큰술 ● 바닐라 엑스트랙트 1작은술

달걀과 우유, 소금, 설탕, 바닐라를 잘 섞은 후 밀가루를 넣고 저으면서 녹인 버터를 넣어 다시 한번 섞어
준다. 냉장고에 넣어 짧게는 1시간, 길게는 하룻밤 동안 숙성시킨다. 달군 팬을 기름을 적신 종이 타올로
닦아낸 후 반죽을 3큰술 정도 부어 팬을 돌려가며 얇게 크레프를 부친다. 그 위에 생크림을 올리고 과일
을 얹어 돌돌 말아준다. 기호에 따라 슈거파우더만 살살 뿌리거나 삼각형 모양으로 크레프를 접어 생크
림과 과일을 얹은 후 슈거파우더를 뿌려낸다.

tip 전병 사이에 크림과 좋아하는 잼을 발라 쌓아올리면 크레프 케이크를 만들 수 있어요.

포테이토 샐러드

영양이 풍부한 붉은 감자에 아삭한 그린빈과 고소한 베이컨을 넣고
상큼한 드레싱으로 버무려 만드는 포테이토 샐러드는
만들기 쉬우면서 영양성분이 골고루 들어 있어 식사 대용으로
아주 좋은 요리랍니다.

- 붉은 감자 4개, 4등분하여 찬물에 담가 삶아놓는다
- 그린빈 1/2컵, 소금물에 파랗게 데쳐 길이로 반 자른다
- 베이컨 2줄, 익혀서 기름을 뺀 후 잘게 썬다 • 홍피망 1/4컵, 잘게 썬다
- **드레싱** • 식초 1작은술 • 마요네즈 2큰술 • 소금 1/2작은술
  • 후춧가루 1/8작은술 • 머스터드 1작은술

식초, 마요네즈, 머스터드를 잘 섞어 드레싱을 만든 뒤 준비해둔 감자와 그린
빈, 베이컨, 홍피망에 넣고 잘 섞어 소금과 후춧가루로 간을 해 완성한다.

티 샌드위치

몇 년 전 캐나다 빅토리아 아일랜드의 어느 호텔에서 맛보았던
애프터눈 티는 지금도 잊을 수가 없어요.
보기에도 예쁜 티 샌드위치와 따뜻한 스콘, 미니 타르트 등
우아한 분위기 속에서 마치 공작부인이 된 것처럼
향기로운 티타임을 즐겼던 행복했던 시간을 떠올리며 만들어보았습니다.

• 샌드위치용 식빵 8장 • 샌드위치용 통밀빵 8장 • 달걀 2개, 삶아놓는다 • 햄 150g(5oz), 잘게 다져놓는다
• 오이 작은 것 1개, 둥글고 얇게 썰어놓는다 • 마요네즈 5큰술 • 소금, 버터 약간씩

삶아놓은 달걀의 흰자와 노른자를 분리한 후 각각 체에 곱게 내린 다음 마요네즈를 넣고 잘 버무린다. 잘
게 다져놓은 햄도 마요네즈와 버무려두고 썰어둔 오이는 소금에 살짝 절여 물기를 제거한 후 마요네즈에
버무려둔다. 식빵에 물기가 배지 않도록 버터를 얇게 바른 후 만들어둔 속을 넣어 샌드위치를 만든다. 모
양이 잡히도록 무거운 도마 등으로 살짝 눌러놓았다가 가장자리를 잘라내고 적당한 크기로 자른다.

오픈 샌드위치

얇게 썬 빵 위에 훈제연어, 브리 치즈, 프로슈토 햄, 칸털루프멜론,
포도 등을 얹어 먹는 샌드위치예요.
휴일 아침에 각자 좋아하는 재료를 얹어 간단히 만들어 먹어도 좋고
디너파티에 애피타이저로 내기에도 좋은 메뉴랍니다.

- 바게트 빵 1개, 얇게 자른다 • 씨 없는 포도 10알, 반으로 자른다 • 다진 양파 2큰술 • 실파 1큰술, 송송 썬다
- 사과(또는 배) 1/2개, 적당한 크기로 자른다 • 사워 크림 1/3컵 • 브리 치즈 100g, 적당한 크기로 자른다
- 버터 3큰술 • 훈제연어 100g • 칸털루프멜론 1/4개 • 프로슈토 햄 100g • 케이퍼 2큰술

준비해놓은 바게트 빵 위에 버터를 얇게 펴 바르고 브리 치즈와 사과(또는 배)와 포도 등을 얹어낸다. 사워 크림에 송송 썬 실파를 넣어 섞어두고 빵 위에 적당한 크기로 자른 훈제연어를 올리고 그 위에 사워 크림을 얹은 후 다진 양파와 케이퍼를 올린다. 칸털루프멜론을 적당한 크기로 자른 후 프로슈토 햄으로 말아 바게트 빵 위에 올린다.

잣죽

잣죽은 지방과 단백질이 풍부해서 예로부터 환자의 회복식으로 많이 만들어 먹던 건강식이에요.
또 부드럽고 고소해서 아침이나 간식으로 먹기에도 좋은 메뉴지요.
잣을 깨끗이 다듬어 곱게 갈아 죽을 미리 만들어놓고
바쁠 때 꺼내 잣죽을 만들어 먹으면 간편하고 맛도 좋답니다.

• 맵쌀 1컵 • 잣 1/2컵 • 대추 약간

맵쌀은 씻어서 물에 2시간 정도 담가 충분히 불린 후 체에 받쳐 물기를 뺀다. 잣은 고깔을 떼어놓고 대추는
씨를 빼고 동그랗게 말아 썰어둔다. 믹서에 불린 맵쌀과 잣, 물 2컵을 넣고 간 다음 냄비로 옮겨 담은 후 눋
지 않도록 중불에서 저어가며 끓여낸다. 완성되면 그릇에 담고 준비해둔 잣과 대추로 장식하여 낸다.

샌드위치 뷔페

커다란 접시에 여러 가지 재료를 담고 얇은 바게트 빵이나 식빵을 따로 준비해보세요.
각자 좋아하는 재료를 골라 자기만의 샌드위치를 만들어먹을 수 있는
색다른 샌드위치 뷔페를 즐길 수 있답니다.

브런치 파티

우아한 티 샌드위치와 갓 구운 비스코티, 촉촉한 복숭아 파운드 케이크에
탐스러운 과일플라워…… 손님들의 탄성이 들리는 것 같지 않으세요?
쉽고 간단하게 준비하고 마음껏 뽐낼 수 있는 브런치 파티!
대표적인 브런치 메뉴인 오믈렛과 토스트에 치즈와 과일을 곁들여 준비해보세요.

PART2 MAIN DISH

층층 비빔밥

한국을 대표하는 음식이자 많은 외국인이 좋아하는 비빔밥을
좀더 예쁘게 소개하고 싶어 만들어본 요리랍니다.
밥과 갖은 야채를 층층이 쌓아올려 만든 층층 비빔밥.
색다른 모양에 놀라고 깔끔한 맛에 다시 한번 놀란답니다.

- (2인분) 밥 2공기 • 쇠고기 150g(⅓lb), 결과 반대방향으로 채 썬다
- 표고버섯, 채 썬다 • 당근 1/2개, 4cm 길이로 채 썬다
- 오이(또는 호박) 1개, 껍질만 돌려 깎아서 채 썬다
- 달걀 3개, 황백으로 나누어 풀어둔다 • 잣 1큰술(장식용)

쇠고기 양념장 • 간장 1큰술 • 흑설탕 1큰술 • 다진 마늘 1/2작은술
• 다진 파 1작은술 • 참기름 1큰술 • 후춧가루 약간

비빔고추장 • 고추장 1큰술 • 다진 파 1큰술 • 다진 마늘 1/2작은술 • 설탕 1/2큰술
• 식초 1/2큰술 • 참기름 1작은술 • 베이식 소스 1큰술

쇠고기 양념장 만들기 간장에 참기름을 뺀 쇠고기 양념장 재료를 섞는다. 만든
양념장을 체에 걸러 준비해둔다.

쇠고기, 버섯 양념하기 채 썬 쇠고기에 양념장을 넣어 조물조물 무친 다음 참기
름을 넣어 다시 한번 섞어두고, 채 썬 표고버섯도 쇠고기와 같은 방법으로 양
념하여 재워둔다.

재료 볶기 색이 살도록 중불에서 오이(또는 호박), 당근을 따로따로 젓가락으
로 저어가며 볶아내어 소금간을 한다. 프라이팬을 닦은 후 양념해둔 쇠고기
를 볶은 다음 익은 고기는 건져내고 남은 국물에 표고버섯을 넣어 볶는다.

지단 부치기 달걀은 노른자와 흰자로 나눈 다음 식초를 한 방울 떨어뜨리고 잘
풀어 체에 내린다. 곱게 부친 지단은 식힌 다음 다른 재료들과 같은 길이로
채 썬다.

완성하기 준비해둔 원형 틀 안에 준비한 재료를 층층이 쌓아올린 다음 틀을
빼내고 잣으로 장식하고 비빔고추장과 곁들여 낸다.

tip 준비된 원형 틀이 없을 경우에는 집에 있는 통조림의 위아래 부분을 잘라내고 사용하면 됩니다.
오이를 잘라 속을 동그랗게 파내어 그릇 모양을 만들고 그 안에 비빔고추장을 넣으면
모양도 예쁘고 좋아요.

사각 김밥

만든 사람의 정성과 솜씨가 돋보이는 사각 김밥.
외국인 친구들을 초대했을 때 애피타이저로 사각 김밥을 내면
모두들 감탄하며 타일조각이냐고 묻곤 합니다.
모양만 예쁜 게 아니라 상큼한 오이와 달걀지단의 맛의 조화가 일품이라
먹는 사람을 행복하게 해주는 요리예요.

- 밥 2공기 • 베이식 소스 2큰술 • 오이 2개, 길이대로 4등분한다
- 달걀 2개, 도톰하게 지단을 부쳐 사각으로 길게 썬다 • (선택사항) 훈제연어 8장 • 김 4장, 2등분한다

베이식 소스 만들기 식초 5:설탕 4:소금 1의 비율로 잘 섞어 전자레인지에 1분 정도 돌려놓는다.

밥 짓기와 양념하기 쌀은 씻어서 1시간가량 불린 다음 물을 약간 적게 부어 고슬고슬하게 밥을 짓는다. 밥이 다 되면 베이식 소스를 넣어 고루 섞는다.

김밥 말기 김발 위에 김을 세로로 길게 올리고 그 위에 밥을 얇고 고르게 편다. 밥 그 위에 통오이를 얹어 단단히 말아서 정확히 열십자 모양으로 길게 4등분한다.(자른 김밥의 크기가 같아야 완성했을 때 모양이 예쁘다.) 4등분한 초밥 두 개를 바깥쪽을 마주보도록 놓은 다음, 위에 달걀지단을 얹고 나머지를 초밥 두 개를 올린 후 사각으로 김밥을 말아 썬다. 이때 잘 드는 칼을 사용하고, 칼에 식초를 묻혀 썰면 밥이 칼에 붙지 않고 잘 썰어진다.

tip 훈제연어와 오이, 달걀을 넣어 만들어도 고소하고 담백한 맛의 김밥이 완성된답니다.
오이는 되도록 가늘고(지름 3cm 이하) 위아래가 고른 것을 써야 예쁘게 잘 싸집니다.
또 달걀지단 대신 맛살이나 햄, 소시지, 우엉 등을 활용해도 좋아요.

치킨 롤 오븐 구이

고단백 저지방 식품인 닭고기는
여러 가지 조리법으로 다양한 요리를 만들 수 있는 친숙한 재료입니다.
닭다리 살을 얇게 펴서 여러 가지 야채를 돌돌 만 다음
토마토소스를 부어 오븐에 구워낸 치킨 롤 오븐 구이는
온가족이 즐길 수 있는, 간단하지만 맛있고 영양이 풍부한 요리랍니다.

- 닭 허벅살 8개 • 스파게티 소스 1 ½컵 • 버터 2큰술 • 마늘 2쪽, 얇게 저민다
- 호박 1/2개, 7cm 길이로 채 썬다 • 홍피망(작은 크기) 1개, 7cm 길이로 채 썬다
- 오렌지색 파프리카 1/2개, 7cm 길이로 채 썬다 • 작은 양파 1개, 채 썬다
- 모차렐라 치즈 1컵 • 소금, 후춧가루 약간씩

닭 허벅살은 뼈를 발라내고 기름기를 적당히 제거한 후 얇게 펴서 소금과 후춧가루로 밑간한다. 그 위에
채 썬 호박, 양파, 홍피망, 파프리카를 놓고 돌돌 만 후 이쑤시개로 모양을 고정해준다. 달군 프라이팬에
버터를 넣어 녹인 다음 얇게 저민 마늘을 넣고 볶다가 준비해둔 치킨 롤을 넣어 겉이 노릇해질 때까지 익
힌다. 치킨 롤을 오븐 그릇으로 옮기고 스파게티 소스를 부어 180도(화씨 350도)로 예열한 오븐에서 30분
정도 굽는다. 꺼내기 전에 모차렐라 치즈 1컵을 위에 얹어 녹을 때까지 5분 정도 더 굽는다.

같은 재료 다른 요리

파스타 면을 삶아 버터나 올리브유에 살짝 볶은 후
그 위에 치킨 롤 오븐 구이를 소스와 함께 올려보세요.
훌륭한 파스타 요리가 된답니다.

로스트 치킨

높은 온도에서 바삭하게 구워낸 로스트 치킨은
어릴 적 영양센터에서 먹던 전기구이 통닭을 떠올리게 해요.
특히 닭을 구울 때 나오는 육수에 익힌 감자의 맛은 기대 이상으로 좋답니다.
치킨에 샐러드만 곁들이면 훌륭한 저녁 메뉴가 완성되니 한번 만들어보세요.

● 영계 1마리, 깨끗이 씻어 물기를 닦고 반으로 갈라놓는다 ● 붉은 감자 2개, 4등분하여 소금물에 살짝 익혀둔다

● 그린빈 1컵, 꼭지를 다듬어둔다 ● 슬라이스 아몬드 2큰술 ● 갈릭솔트 1/2작은술 ● 다진 파슬리 1큰술

● 올리브유 1큰술 ● 버터 1큰술 ● 후춧가루 약간

준비해둔 닭에 갈릭솔트와 후춧가루를 골고루 뿌리고, 올리브유 1큰술을 닭 표면에 고르게 바른다. 230도(화씨 450도)로 예열한 오븐에서 30분 정도 굽다가 뒤집어서 오일을 한번 더 발라준 다음, 준비해둔 감자를 함께 넣어 30분 정도 더 굽는다(오븐과 닭의 크기에 따라 굽는 시간을 조절한다). 다 익었으면 다진 파슬리를 뿌린 후 5분 정도 더 구워준다. 그린빈은 끓는 물에 소금을 넣고 살짝 데친 후 찬물에 헹구어 물기를 빼놓는다. 달군 프라이 팬에 버터를 녹인 후 그린빈을 넣어 볶은 다음 소금과 후춧가루로 간을 하고 살짝 구운 슬라이스 아몬드를 뿌린다. 완성된 로스트 치킨, 감자와 함께 곁들여 낸다.

tip 올리브유 대신 오일 스프레이나 녹인 버터를 사용해도 좋아요. 닭을 오븐에 넣기 전에 팬에 기름을 발라 들러붙지 않도록 합니다.
　　미국에 사는 분들은 냉동 코너에 있는 Cornish hen을 녹여서 쓰면 됩니다.

파슬리 한 단을 사면, 일주일을 럭셔리하게 보낼 수 있답니다.
잘게 다져서 요리에 넣어도 좋고 장식용으로 위에 올려도 예뻐요.
또 남은 파슬리를 살짝 튀겨서 먹으면 고급 일식집이 부럽지 않답니다.
오래 보관하고 싶을 때는 말려두었다가 사용할 수도 있지만
저처럼 집에서 직접 길러 먹으면 늘 신선한 파슬리를 즐길 수 있어 좋답니다.

불고기

누구나 좋아하는 불고기는 양념 비율에 따라 맛에 큰 차이가 있답니다.
윤기가 자르르 흐르는, 보기만 해도 맛있는 불고기 양념의 황금 비율을 지금부터 배워보세요.

- 쇠고기(불고깃감) 900g(2lb), 얇게 썬다
- **밑간 양념** • 흑설탕 3큰술 • 물 4큰술 • 맛술 1큰술
- **양념장** • 간장 5큰술 • 다진 마늘 1큰술 • 생강즙 1작은술 • 다진 파 2큰술
  • 후춧가루 1/2작은술 • 통깨 1큰술 • 참기름 2큰술

흑설탕과 물과 맛술을 잘 섞어 고기에 밑간을 해둔다. 양념 재료를 섞어 양념장을 만든다.(이때 거름망을 이용해서 건더기를 제거하면 고기를 더 깔끔하게 구울 수 있다.) 밑간해둔 고기를 양념장에 재워 뜨겁게 달군 그릴이나 브로일러, 석쇠에 구워낸다.

tip 고기를 잴 때는 흑설탕 코팅이 포인트랍니다. 흑설탕과 물을 섞어 고기에 밑간을 해두면 윤기가 자르르 흘러요.
　그래서 저는 고기를 잴 때 설탕과 참기름을 아끼지 않고 넉넉하게 넣는답니다. 그래야 더 맛있는 요리가 완성돼요.

불고기 꼬치구이

달콤한 맛이 매력적인 불고기와 형형색색의 야채들을 꽂아
화려함이 묻어나는 꼬치구이를 만들어보세요.
맛과 영양의 조화는 물론 예쁘고 정갈한 모양이 손님 초대 요리로도
손색이 없답니다.

- 쇠고기 450g(1lb), 도톰하고 넙적하게 썬다 • 호박 1개, 쇠고기와 같은 크기로 썬다
- 양파 1개, 쇠고기와 같은 크기로 썬다 • 붉은 피망 1개, 쇠고기와 같은 크기로 썬다 • 꼬치 20개 • 소금 약간

밑간 양념 • 흑설탕 2큰술 • 물 3큰술

양념장 • 간장 2 ½큰술 • 생강즙 1작은술 • 다진 파 1큰술 • 다진 마늘 1작은술
• 참기름 1큰술 • 볶은 깨 1작은술 • 후춧가루 약간

흑설탕과 물을 잘 섞어 쇠고기에 밑간을 한 다음 참기름을 제외한 양념장 재료를 잘 섞어서 밑간해둔 쇠고기에 넣어 재운 다음 참기름을 넣어 다시 잘 섞어둔다. 야채는 살짝 볶아 약하게 소금간을 한 후 고기와 함께 꼬치에 모양 있게 꽂아 뜨겁게 달군 그릴이나 브로일러, 석쇠에 구워낸다.

tip 쇠고기는 0.5cm 정도의 두께가 좋아요. 보통 불고기보다 약간 도톰한 두께로 너비아니 정도로 맞춰주세요.
칼집은 넣을 필요 없답니다. 꼬치는 20cm 정도 되는 가느다란 것이 좋고, 물에 30분 정도 담갔다가 써야 구울 때 덜 타서 좋습니다.
약간 타는 것은 대나무 향이 배어 고기의 맛을 더해주니까 나쁘지 않아요.

갈비찜

부드러우면서도 간이 잘 밴 갈비찜이야말로 명절 상에 빠지지 않는
최고 요리가 아닌가 싶어요.
갈비에 부드럽게 간이 잘 스며들도록 칼집을 넣고
정갈하고 윤기나게 조리는 것이 포인트랍니다.

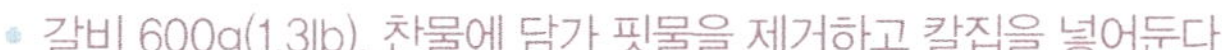

- 갈비 600g(1.3lb), 찬물에 담가 핏물을 제거하고 칼집을 넣어둔다
- 무 1토막, 밤알 크기로 둥글게 돌려서 깎는다 • 당근 1개, 둥글게 돌려서 깎는다
- 밤 10개, 껍질을 벗겨둔다 • 은행 10개, 프라이팬에 볶아 속껍질을 벗긴다
- 대추 5개, 씨를 제거한다 • 표고버섯 3개, 4등분한다 • 잣 1큰술, 꼭지를 따둔다
- 생강 2쪽, 얇게 저민다

양념장 • 간장 4큰술 • 흑설탕 2큰술 • 다진 파 2큰술 • 다진 마늘 1큰술
• 통깨 1큰술 • 참기름 1큰술 • 후춧가루 1작은술 • 맛술 1큰술

끓는 물에 생강을 저며 넣고 준비해둔 갈비를 삶는다. 다 삶아지면 꺼내 준비
한 양념장을 고루 끼얹어 간이 배도록 잠시 둔다. 갈비를 삶은 물은 버리지 말
고 기름을 걷고 체에 걸러둔다. 냄비에 양념해둔 갈비를 넣고 갈비 삶았던 물
을 자작하게 부은 후, 준비한 무와 당근, 표고버섯을 넣고 간이 잘 배도록 30
분 정도 끓여준다. 거기에 은행, 밤, 대추를 넣어 다시 끓인 다음 잣과 지단으
로 장식하여 낸다.

tip 무와 당근을 밤알 크기로 돌려서 깎아주면 국물이 지저분해지는 걸 막을 수 있어요.
또 무와 당근, 밤을 미리 데쳐놓았다가 마지막에 넣어주면 모양이 더 예쁘게 산답니다.

갈비구이

두툼한 갈비를 칼로 저며 얇게 편 후
흑설탕과 갖은 양념에 재워서 구워보세요.
다른 특별한 양념이 없어도
감칠맛이 나고 윤기가 흐르는 갈비구이를 완성할 수 있답니다.

- 갈비 600g(1.3lb), 얇게 펴서 칼집을 넣어둔다 • 잣 1큰술, 꼭지를 따고 다진다
밑간 양념 • 흑설탕 2큰술 • 물 3큰술 • 맛술 1큰술
갈비 양념장 • 간장 3큰술 • 다진 마늘 1작은술 • 생강즙 1작은술 • 다진 파 1큰술
• 후춧가루 1/4작은술 • 볶은 통깨 2작은술 • 참기름 1큰술

밑간 양념을 섞어 준비해둔 갈비에 붓고 골고루 묻힌다. 참기름을 제외한 갈비 양념장을 잘 섞어 고기를
무치고 맨 나중에 참기름을 넣어 재워둔다. 양념이 고루 배면 뜨겁게 달군 그릴이나 프라이팬, 석쇠에 구
워 통깨나 잣가루를 뿌려낸다.

정통 스테이크

스테이크는 손님 초대 요리로 근사하게 대접할 수 있는 메뉴이면서
의외로 만들기도 쉬운 요리랍니다.
맛있는 스테이크를 만들려면 무엇보다 육즙이 빠지지 않게 구워 내는 게 중요해요.
저의 간단한 레시피로 유명 레스토랑의 맛을 느껴보세요.

● 스테이크용 고기(안심, 등심, 꽃등심, 채끝등심 등) 900g(2lb) ● 올리브유 2큰술 ● 붉은 감자 4개
● 아스파라거스 12개 ● 버터 4큰술 ● 소금, 후춧가루 약간씩

스테이크용 고기에 소금과 후춧가루로 밑간을 하고 올리브유를 잘 펴서 바른 다음 뜨겁게 달군 그릴에서
앞뒤로 5분 정도씩 굽는다. 아스파라거스는 끓는 소금물에 파랗게 데친 다음 얼음물에 담가 식힌 후 물기
를 뺀다. 그런 다음 버터를 두른 프라이팬에 볶아 소금과 후춧가루로 간을 한다. 붉은 감자는 4등분하여
삶은 후 아스파라거스와 같은 방법으로 버터에 볶아 스테이크에 곁들여 낸다.

tip 고기를 오븐에서 구울 경우는 먼저 뜨겁게 달군 프라이팬에서 고기의 겉면이 갈색이 될 때까지 앞뒤로 살짝 익힌 다음
　　 브로일로 예열된 오븐에 넣어 미디움으로(5분 정도) 구워주어야 해요. 그래야 표면이 응고되어 육즙이 빠지지 않는답니다.
　　 프라이팬에 구울 경우는 뜨겁게 달구어진 팬에 고기를 얹어 표면을 먼저 익힌 후 뒤집어가며 기호에 따라 구워주세요.

필레 미뇽

쇠고기 안심 중에서도 가장 최고급 부위인 필레 미뇽을
베이컨으로 둘러서 구워내면 정말로 맛있고 부드러운
스테이크가 된답니다. 다른 특별한 소스나 양념 없이 올리브유와 소금,
후춧가루로만 간을 해도 너무 맛있어요.
필레 미뇽은 육즙이 빠져나오지 않도록 뜨거운 그릴에 굽는 게 중요하답니다.

• 필레 미뇽 700g(filet mignon 1.5lb) • 베이컨 4줄 • 올리브유 2큰술 • 아스파라거스 12개
• 양송이 버섯 8개 • 홍피망 1개 • 소금, 후춧가루 약간씩 • (선택 사항)슬라이스 아몬드

필레 미뇽은 소금과 후춧가루로 밑간을 하고 베이컨을 둘러서 이쑤시개로 고정시킨다. 그런 다음 올리브
유를 앞뒤로 바르고 뜨겁게 달군 그릴에서 앞뒤로 3분 정도 굽는다. (프라이팬에 구울 경우는 앞뒤로 1분
정도 익힌 다음 200도(화씨 400도)로 예열한 오븐에 넣어 7분 정도 굽는다.) 홍피망은 씨를 빼고 길게 채
썰고, 양송이는 예쁘게 칼집을 넣어 달군 팬에 기름을 두르고 볶아 소금, 후춧가루로 간을 해둔다. 아스
파라거스(혹은 브로콜리나 그린빈)는 끓는 소금물에 살짝 데친 다음 버터를 두른 팬에서 소금과 후춧가
루를 뿌려 살짝 볶아낸다. 마지막으로 고기 위에 슬라이스 아몬드를 뿌려준다.

tip 아스파라거스나 브로콜리, 그린빈뿐만 아니라 양송이 버섯이나 시금치도 버터에 살짝 볶아 곁들여 내면 맛있어요.

스파이시 포크 롤

적당히 매콤하게 양념한 돼지고기에 야채를 넣어 돌돌 말아 구워낸 스파이시 포크 롤.
먹어본 사람들은 '무슨 고기인데 이렇게 예쁘고 맛있어요?' 하면서 놀라고 감탄하는 요리랍니다.

- 돼지고기 안심 900g(pork tenderloin 2lbs) • 홍피망 1개, 길게 채를 썬다
- 시금치 1단, 끓는 소금물에 파랗게 데친 후 물기를 짜둔다

고기 밑간 양념 • 흑설탕 3큰술 • 물 3큰술 • 생강즙 1작은술

양념장 • 간장 4큰술 • 다진 마늘 1큰술 • 고추장 3큰술 • 케첩 3큰술 • 후춧가루 1/2작은술

고기를 칼로 얇게 돌려 썰어 김밥용 김처럼 넓게 편 다음 밑간을 해둔다. 간장에 다진 파와 마늘을 넣고
잘 섞어 체에 거른 후 고추장, 케첩, 후춧가루를 섞어 양념장을 만든다. 고기에 양념장을 넣어 양념이 잘
배도록 버무려준다. 고기를 넓게 펴고 가운데 시금치와 홍피망을 넣어 돌돌 말아 이쑤시개나 면실로 고
정시켜준다. 달군 프라이팬에 버터를 녹여 센 불에서 고기의 표면을 돌려가며 익힌다. 200도(화씨 400
도)로 예열한 오븐에서 고기가 충분히 익을 때까지 30~40분간 구운 후 한 김 식히고 적당한 두께로 썰어
낸다.

tip 색깔은 시금치가 예쁘지만, 시금치가 없다면 청피망을 써도 괜찮아요.
　　남은 육즙에 레드와인과 남은 양념장 소스를 넣어 졸이면 맛있는 소스가 된답니다.

참치 스테이크

회로 먹을 수 있을 만큼 신선한 참치를 소스에 재워
겉만 적당히 익히고 속은 회처럼 신선하게 먹는 참치 스테이크는
참치의 두 가지 맛을 동시에 느낄 수 있는 매력적인 요리랍니다.

● 스테이크용 참치 4개 ● 통깨 4큰술 ● 청피망 1개, 채 썬다 ● 홍피망 1개, 채 썬다
● 아스파라거스 8개, 다듬어 2등분한다 ● 토마토 1개(혹은 통조림 1캔), 잘게 썬다
밑간 ● 맛술 4큰술 ● 생강즙 2작은술 ● 소금, 후춧가루 약간씩
양념장 ● 간장 4큰술 ● 설탕 2작은술 ● 후춧가루 약간

참치에 맛술, 생강즙, 소금, 후춧가루를 넣고 밑간을 한 다음 양념장을 만들어 참치를
재운다. 참치는 간이 잘 배도록 냉장고에 30분 정도 넣어두었다 꺼내서 앞뒤로 통깨를
고루 묻혀 뜨겁게 달군 프라이팬에서 2분 정도씩 지진다. 새 프라이팬을 준비하여 올리
브유 2큰술을 넣고 아스파라거스와 청홍피망을 넣고 볶다가 잘게 썬 토마토를 넣어 한
번 더 볶아준 후 소금으로 간을 맞춘다. 접시에 볶은 야채를 깔고 그 위에 구운 참치를
얹어낸다.

tip 냉동 생선을 요리할 때는 냉장고에서 충분히 녹이거나
    비닐에 싸서 찬물에 담가 녹인 후 사용해야 비린내가 안 납니다.

새우 베이컨 말이

갑자기 손님이 오셨을 때나 저녁에 뭘 해먹으면 좋을지 고민이 될 때,
만들기 쉬우면서도 맛있고 화려한 새우 베이컨 말이를 해보세요.
탱글탱글한 새우를 베이컨으로 말아 바삭하게 오븐에 구워내는 요리로,
샐러드와 함께 감자, 야채구이 등을 곁들이면
훌륭한 저녁 메뉴가 된답니다.

- 큰 새우 20개, 꼬리를 제외한 껍질과 내장을 제거한다
- 베이컨 450g(1lb), 1/2등분한다 • 통깨 약간 • 꼬치 20개

준비해둔 새우를 베이컨으로 돌돌 말아 꼬치에 꽂아 브로일로 예열된 오븐에 넣어 5분 정도 구운 뒤 뒤
집어서 5분 정도 더 구워낸다. 먹기 전에 통깨를 뿌린다.

구절판

구절판은 여러 가지 야채와 고기를 볶아 밀전병에 싸먹는 요리로
그 정갈한 맛과 단정한 모습이 한국요리의 꽃이 아닐까 싶어요.
외국인들을 초대했을 때 자랑스럽게 내놓을 수 있는
한국 음식 중 첫번째로 꼽고 싶은 요리랍니다.

● 쇠고기 150g(1/3lb) ● 새우 10마리, 껍질과 내장을 제거한다 ● 마른 표고버섯 5개, 미지근한 물에 불린다
● 호박 1개 ● 오이 1개 ● 당근 1개 ● 달걀 4개 ● 잣가루
쇠고기 양념장 ● 간장 2큰술 ● 흑설탕 1큰술 ● 마늘 1/2쪽 ● 파 1토막 ● 참기름 1큰술 ● 후춧가루 1/2작은술
밀전병 ● 밀가루 1컵 ● 물 1컵 ● 달걀 1개 ● 소금 1/2작은술
소스 ● 베이식 소스 3큰술(식초:설탕:소금=2.5:2:0.5) ● 겨자가루 1큰술
● 참기름 1작은술 ● 후춧가루 1/4작은술 ● 따뜻한 물 약간

쇠고기 양념하기 쇠고기는 고깃결과 반대방향으로 가늘게 채를 썰어둔다. 간장에 흑설탕, 다진 마늘, 다진
파를 넣고 섞어 체에 걸러 참기름과 후춧가루를 넣고 섞은 다음 고기를 넣어 조물조물 무친다.
재료 준비 불린 표고버섯은 물기를 꼭 짠 후 가늘게 채 썰고, 호박, 오이, 당근은 5cm 길이로 가늘게 채 썰
어 소금을 살짝 뿌려둔다. 새우는 반을 갈라 가늘게 채 썰어둔다.
재료 볶기 달군 프라이팬에 기름을 두르고 중불에서 호박, 오이, 당근을 각각 볶아낸다.(프라이팬은 재료
가 바뀔 때마다 닦아주어야 한다.) 새우는 참기름을 살짝 두른 다음 볶아내고, 쇠고기는 뭉치지 않도록
젓가락으로 털어가며 볶은 후 볶을 때 나온 국물에 표고버섯을 넣고 볶아낸다.
지단 부치기 달걀은 흰자와 노른자로 나누어 체에 내린 후 식초를 한 방울 떨어뜨려 잘 풀어둔다. 기름을 묻
힌 종이 타올로 프라이팬을 코팅한 후 황백지단을 부쳐서 식힌 다음 다른 재료들과 같은 길이로 채 썬다.
소스 만들기 겨자가루에 따뜻한 물을 넣어 갠 다음 따뜻한 곳에 놓아 숙성시킨다. 식초, 설탕, 소금, 참기
름, 후춧가루를 넣고 잘 섞어 소스를 만든다. (숙성된 겨자는 냉장고에 하루 정도 넣어두었다가 사용하면
매콤한 맛이 더 강해진다.)
밀전병 만들기 밀가루에 물을 충분히 부어 저은 후 가라앉혀 앙금을 만든다. 윗물은 따라버리고 달걀흰자
와 소금을 넣어 밀가루와 잘 섞어둔다. 프라이팬을 달군 후, 기름을 묻힌 종이 타올로 코팅을 한 다음 풀
어놓은 밀가루를 한 수저씩 덜어 동그랗고 얇게 전병을 부친다.
완성하기 그릇에 호박, 오이, 당근, 표고버섯, 쇠고기, 새우, 황색지단, 흰색지단, 밀전병을 정갈하게 담아
낸다. 밀전병을 담아낼 때 잣가루를 전병 사이사이에 뿌려두면 서로 들러붙지 않고 고소해서 좋다.

tip 밀가루 1컵에 넉넉하게 물을 부어 저은 후, 냉장고에 하루 정도 넣어두었다가 사용하면 밀전병이 더 쫄깃해지고 맛있답니다.
새우 대신 전복이나 게살을 사용해도 좋아요.

잡채

보통 잡채하면 야채는 적고 당면만 잔뜩 들어가는 경우가 많은데,
당면의 양을 줄여 다른 재료들과 양을 맞추면 훨씬 고급스러운 잡채를 완성할 수 있답니다.

- 쇠고기 등심 150g(beef sirloin 1/3lb), 고깃결과 반대방향으로 가늘게 채 썬다
- 마른 표고버섯 5개, 미지근한 물에 불려 채 썬다 • 당근 1개, 5cm 길이로 가늘게 채 썬다
- 양파(중간 크기) 1/2개, 채 썬다 • 배춧잎(파란 부분) 2장, 채 썬다 • 홍피망 1/2개, 5cm 길이로 가늘게 채 썬다
- 실파 5개, 5cm 길이로 썬다 • 당면 150g(1/3lb), 물에 담갔다가 5cm 길이로 자른다

쇠고기 양념장 참기름을 빼고 섞어둔다
- 간장 1큰술 • 흑설탕 1큰술 • 다진 마늘 1/2작은술 • 파 1큰술 • 참기름 1큰술 • 후춧가루 약간

양념 • 간장 2큰술 • 설탕 1큰술 • 참기름 1큰술

쇠고기 양념하기 쇠고기에 양념장을 넣어 조물조물 무친 후 참기름을 넣어 다시 한번 잘 무쳐둔다.

재료 볶기 달군 프라이팬에 기름을 두르고 썰어둔 배추, 양파, 당근, 홍피망, 실파(또는 피망)를 젓가락으로 저어가며 볶다가 소금과 후춧가루로 간을 한다. (재료마다 익는 시간이 다르므로 각각 따로 볶고, 같은 프라이팬을 쓸 경우에는 재료가 바뀔 때마다 닦아 사용한다.) 야채 다음으로 쇠고기를 먼저 볶고 볶을 때 나온 국물에 표고버섯을 넣고 볶아낸다.

당면 삶기 냄비에 물을 넉넉히 붓고 당면이 투명해질 때까지 삶은 다음 찬물에 헹구어 물기를 빼서 참기름을 두른 팬에 살짝만 볶아낸다.

완성하기 큰 그릇에 당면을 넣고 간장과 설탕을 넣어 버무린 후 볶아놓은 재료를 모두 넣어 잘 섞어 접시에 담아낸다.

tip 이 요리는 재료마다 따로 간을 해줘야 감칠맛이 난답니다. 귀찮다고 생략하지 말고 맛있는 요리를 위해 조금만 더 신경을 써주세요.

군만두

얇고 쫀득한 껍질 속에 갖가지 재료를 듬뿍 넣어 예쁘게 빚은 후
바삭하게 구워낸 군만두는 누구에게나 사랑받는 음식 중 하나지요.
한꺼번에 만들어서 냉동실에 넣어두었다가 먹고 싶을 때마다 꺼내먹어도 좋답니다.
집에서 직접 만든 만두는 정성이 들어가서 더욱 맛있어요.

- 만두피 35개 정도 • 달걀흰자 1개

만두소 • 돼지고기 간 것 350g(0.8lb) • 다진 양파 1컵 • 다진 부추 1컵
• 다진 배추(살짝 데친 후 물기를 짜서 다진 것) 1컵 • 달걀노른자 1개

고기 양념 • 생강즙 1작은술 • 다진 마늘 1작은술 • 간장 3큰술 • 설탕 1작은술
• 소금 1/8작은술 • 참기름 3큰술 • 후춧가루 약간

돼지고기에 생강즙, 다진 마늘, 간장, 설탕, 소금, 참기름, 후춧가루를 넣어 양념이 잘 배도록 버무리고
거기에 다진 양파, 부추, 배추를 넣고 잘 섞어 만두소를 만들어둔다.
만두피를 펴고 중앙에 만두소를 1작은술 정도 올려놓은 다음 만두피 가장자리에 달걀흰자를 묻혀 반달모
양으로 오므린 후 주름을 넣어가며 양쪽을 붙인다. 달군 프라이팬에 기름을 적당히 두르고 만두를 넣고
굽다 한쪽 면이 노릇해지면 뒤집어준다. 물 1큰술을 넣고 뚜껑을 덮은 후 수증기로 속이 골고루 익도록
한다.

tip 만두소를 너무 많이 넣으면 만두가 터져버리고 모양도 예쁘지 않으니 적당하게 조절해주세요

만둣국

저희 집은 가족들이 다 만두를 좋아해서 겨울이면 늘 함께
만두를 빚곤 했답니다. 그 기억이 아직도 제 마음속에 정겨운 추억으로
남아 있어요. 가족이 함께 모여 만들어서인지
만두가 더 맛있었던 것 같아요. 쇠고기 육수로 끓인 만둣국도 맛있지만
닭 육수에 끓인 만둣국도 맛이 깔끔하고 좋답니다.

(만두피 30장 정도 분량)

육수 • 뼈가 붙어 있는 닭 가슴살 2조각 • 물 8컵 • 마늘 1톨 • 대파 1토막

만두소 • 돼지고기 간 것 150g • 쇠고기 간 것 230g • 데친 숙주 1컵, 물기를 빼고 다진다
• 데친 배추 1컵, 물기를 빼고 다진다 • 말린 표고버섯 4개, 불려 물기를 짜낸 후 잘게 다진다
• 다진 파 1컵, 잘게 다진다 • 두부 1/2모, 물기를 꼭 짜 으깨놓는다 • 잣 약간

만두소 양념 • 생강즙 1작은술 • 다진 마늘 1작은술 • 간장 3큰술 • 설탕 1큰술 • 소금 1/2작은술
• 참기름 3큰술 • 깨소금 1큰술 • 후춧가루 1/4작은술 • 달걀노른자 1개

고명 • 달걀 1개, 지단으로 부쳐 채 썬다 • 삶은 닭고기 • 소금 1/2작은술
• 후춧가루 1/4작은술 • 참기름 1큰술 • 다진 마늘 1작은술 • 다진 파 1큰술

만두소 만들기 큰 그릇에 다진 고기와 다진 배추, 숙주, 표고버섯, 두부, 파를 넣은 후 양념을 넣어 고루 섞은 다음 참기름과 달걀노른자를 넣어 재료들이 잘 뭉쳐지도록 다시 한번 섞어준다.

만두 빚기 만두피 가장자리에 달걀흰자를 바른다. 만두피에 만두소 1작은술과 잣을 한두 개 넣고 피의 위아래를 잘 맞물려 붙인 후 양 끝부분을 오므려 붙인다.

육수 만들기 냄비에 물을 넣고 끓으면 닭 가슴살과 마늘, 파를 넣고 중불에서 1시간 정도 끓인다. 고기가 푹 무르면 꺼내어 잘게 찢어 양념하고 소금과 후춧가루로 간을 한다.(닭 육수를 만들 때 샐러리 1토막과 양파를 넣으면 잡냄새를 없애줍니다.)

완성하기 육수가 끓으면 만두를 넣는다. 만두가 위로 떠오르면 조금 더 익힌 다음 불을 끄고 그릇에 담아 준비해둔 고명을 얹어낸다.(삶은 쇠고기를 가늘게 채 친 다음 양념하여 살짝 볶은 후 고명으로 올려도 맛있어요.)

tip 이 레시피에서 데친 배추를 빼고 김치 1/4포기를 다져 넣으면 깔끔한 김치만두가 된답니다.
김치는 양념을 헹구어 물기를 꼭 짠 후 다져주세요.

탕수육

중국요리 전문점에서 먹던 탕수육을 집에서 만들어보세요.
만들기 쉬우면서도 맛있어서 아이들이 무척 좋아한답니다.

- 돼지고기 약 600g, 폭 2cm, 길이 5cm로 썬다 • 달걀 1개, 잘 풀어둔다 • 녹말가루 3큰술 • 맛술 1큰술
- 생강즙 1큰술 • 간장 1큰술 • 후춧가루 약간 • 청피망 1/2개, 적당한 크기로 썬다
- 홍피망 1/2개, 적당한 크기로 썬다 • 양파 1/2개, 적당한 크기로 썬다 • 생강 2조각

소스 • 닭 육수 1컵 • 식초 2큰술 • 간장 1큰술 • 설탕(흑설탕) 5큰술 • 굴소스 1작은술 • 녹말가루 1큰술

고기 손질하기 돼지고기에 칼집을 넣어 생강즙, 간장, 후춧가루, 맛술을 넣고 밑간을 한 다음, 달걀 한 개를 풀어 잘 섞고 녹말가루를 입혀 30분 정도 냉장고에 넣어둔다.

튀기기 팬에 기름을 넣고 기름이 뜨거워지면 생강 2조각을 넣어 튀겨낸 후 녹말가루를 묻혀둔 고기를 서로 붙지 않도록 넣어 튀긴다. 겉이 딱딱해지면 꺼냈다가 기름의 온도가 오르면 다시 넣어 바삭하게 튀겨낸다.

소스 만들기 프라이팬에 기름을 두르고 뜨거워지면 준비해놓은 야채를 넣어 재빨리 볶아내고 소스 재료를 분량대로 넣고 잘 저어가며 끓인다.

완성하기 접시에 두 번 튀겨낸 돼지고기를 담고 볶아낸 야채를 곁들인 후 소스를 끼얹어낸다.

tip 바삭한 튀김을 원할 때에는 두 번 튀기는 게 좋아요.
먼저 재료를 익히고 한번 더 튀겨서 수분을 날려주면 아주 바삭한 튀김이 완성된답니다.

음식을 차릴 때는 수북하게 쌓아놓지 말고
정갈하게 소량만 담아내세요.
그래야 더 입맛이 당기는 법이랍니다.

부추잡채

몸을 따뜻하게 해주는 싱싱한 부추를 듬뿍 넣어 만드는 부추잡채는
꽃빵과 함께 먹으면 더욱 맛있어요.
맛은 물론 균형 잡힌 한 끼 영양식으로도 충분한 건강요리랍니다.

- 쇠고기 150g(1/3lb), 핏물을 닦고 고깃결의 반대방향으로 채 썬다 ● 녹말가루 2큰술
- 부추 150g, 5cm 길이로 자른다 ● 홍피망 1개, 가늘게 채 썬다 ● 굴소스 1큰술

고기 양념장 잘 섞어 체에 걸러둔다

● 간장 1큰술 ● 흑설탕 1큰술 ● 마늘 1/2쪽 ● 파 1토막 ● 참기름 1큰술 ● 후춧가루 약간

고기에 양념장을 넣고 조물조물 무쳐 밑간을 해둔다. 녹말과 물을 같은 양으로 섞어 가라앉힌 녹말을 고기를 넣고 무쳐준다. 달군 프라이팬에 준비해둔 쇠고기, 부추, 홍피망을 넣고 각각 볶아낸다. 볶은 재료에 굴소스를 넣고 맛이 어우러지도록 다시 한번 살짝 볶아준다.

tip 죽순이나 양파, 표고버섯을 같은 크기로 썰어서 기름에 살짝 볶아 넣어도 좋아요.

중국식 새우 브로콜리볶음

커다란 새우가 보는 이의 시선을 사로잡고 새우와 브로콜리의 색채의 조화가 식탁을 제압합니다.
이렇게 멋있는 요리가 조리법도 간단하고 맛도 있답니다.
굴소스로 맛을 낸 중국식 새우 브로콜리볶음. 지금부터 만들어보세요.

- 큰 새우 10개, 꼬리는 남기고 껍질과 내장을 제거한 후 물기를 닦아놓는다
- 브로콜리 1컵, 소금물에 데쳐 물기를 빼놓는다 ● 생강 1쪽, 채 썬다 ● 마늘 1쪽, 채 썬다
- 맛술 1큰술 ● 녹말가루 2큰술 ● 후춧가루 약간

양념 참기름을 뺀 재료를 잘 섞어놓는다
- 육수(또는 물) 1큰술 ● 굴소스 1큰술 ● 소금 1/3작은술 ● 설탕 1/2작은술 ● 참기름 1/2작은술

새우는 맛술과 후춧가루를 뿌린 후 녹말가루를 고루 묻혀 기름에 살짝 튀긴다. 프라이팬에 기름을 두르고 채 썬 생강과 마늘을 넣어 향을 낸 후, 브로콜리와 튀겨놓은 새우를 넣고 준비해둔 양념을 넣어 같이 볶아준다. 마지막에 참기름을 넣어 섞어준 다음 접시에 담아낸다.

한방 삼계탕

무더운 여름철의 대표적 보양 음식인 삼계탕.
삼계탕은 고단백 저지방 음식으로 맛이 담백하고 소화도 잘 돼서
다이어트나 지친 여름 기력 증진을 위한 특별식으로 준비하면 좋답니다.
닭 뼈 육수를 사용하면 국물 맛이 더 특별해요.

- 영계 1마리 • 찹쌀 1/3컵, 2시간 정도 물에 잘 불려놓는다 • 밤 2개, 껍질을 벗겨놓는다
- 대추 2개 • 마늘 2쪽 • 은행 2알 • 인삼 1뿌리 • 닭 뼈 육수 6컵 • 파, 소금, 후춧가루 약간씩

닭은 핏물이 완전히 빠지도록 뱃속까지 깨끗이 씻은 후 꽁지를 자르고 배의 양옆을 잘라 구멍을 하나씩 내둔다. 그런 다음 뱃속에 불린 찹쌀, 인삼, 대추, 밤, 은행을 넣어 속이 빠지지 않도록 다리를 X자 모양으로 꼬아 뚫어놓은 구멍에 끼워 넣고 날개는 몸통 뒤로 집어넣는다. 냄비에 닭 뼈 육수를 넣고 끓기 시작하면 준비해놓은 닭을 넣어 센 불에 30분 정도 끓인 다음 기름을 걷어내면서 불을 줄여 1시간 정도 더 푹 끓인다.

찰밥을 더 먹고 싶으면 불린 찹쌀을 티백에 반쯤 채워 넣어 함께 끓인다. 우묵한 그릇에 푹 끓여낸 닭을 담고 국물을 부은 후 송송 썬 파와 소금, 후춧가루를 함께 낸다.

tip 닭 뼈 육수를 넣고 끓이면 국물 맛도 좋고 고기 맛도 좋은 삼계탕을 완성할 수 있답니다.
　닭 뼈 육수는 뼈가 붙은 가슴살이나 다릿살의 살을 발라낸 후 뼈만 푹 곤 다음 냉동실에 얼려두었다가 필요할 때 녹여 쓰면 좋아요.
　닭의 잡냄새를 없애기 위해서는 양파나 샐러리를 넣어주면 됩니다.

새우선

빛깔 고운 새우 위에 오색 고명을 올리고
톡 쏘는 겨자 소스와 잣가루로 맛을 낸 새우선은 맛은 물론 모양도 예뻐서
먹기에 아까울 정도지요.
귀한 손님이 오셨을 때 내놓으면 좋은 요리랍니다.

- 큰 새우 8마리, 소금과 레몬을 넣고 살짝 데친 후 꼬리만 남기고 껍질을 제거한다
- 오이 1/2개, 3cm 길이로 가늘게 채 썬다 • 당근 1/2개, 3cm 길이로 가늘게 채 썬다
- 달걀 1개, 체에 걸러 황백으로 분리해 풀어둔다 • 소금 1작은술 • 레몬 1쪽 • 잣가루 1큰술

소스 • 겨잣가루 1큰술 • 미지근한 물 1큰술 • 베이식 소스 5큰술(식초 : 설탕 : 소금＝2.5 : 2 : 0.5)
• 참기름, 후춧가루 약간씩

새우는 같은 간격으로 칼집을 네 번 내준다. 채 썬 오이와 당근에 소금을 살짝 뿌린 후 색이 살도록 살짝
볶아두고, 황백으로 분리해둔 달걀은 지단을 부쳐서 가늘게 채 썰어둔다. 새우에 넣은 칼집 사이에 오이,
당근, 황백지단을 채워 넣는다. 겨잣가루에 미지근한 물을 넣고 갠 다음 따뜻한 곳에 놓아 숙성시킨 후
베이식 소스와 참기름, 후춧가루를 분량대로 넣고 섞는다. 완성된 소스를 새우 위에 끼얹고 잣가루를 뿌
려낸다.

tip 오이와 당근을 채 썰 때는 채칼의 가는 날을 사용하면 곱게 썰 수 있어요.
　　오이나 당근 대신 고기나 표고버섯을 새우 사이에 끼워도 맛있어요.
　　달걀 푼 것을 체에 거르면 지단의 표문이 고르고 예쁘게 된답니다.

돼지갈비 강정

돼지갈비를 튀겨 달콤하고 짭짤한 소스에 윤기나게 졸여내는 돼지갈비 강정은
맛이 담백해서 어른과 아이들 모두가 좋아하는 요리예요.
게다가 맛도 좋고 모양도 고급스러워서 손님 초대 요리로도 손색이 없답니다.

- 돼지갈비 900g(2lb), 뼈 사이를 잘라 토막을 내고 칼집을 넣어 찬물에 담가둔다
- 곁들임 야채(당근, 오이), 먹기 좋은 크기로 썰어둔다 • 생강 1조각

고기 밑간 • 맛술 1큰술 • 간장 1큰술 • 참기름 1큰술 • 생강즙 1작은술 • 파인애플 주스 1큰술 • 후춧가루 약간

조림장 • 간장 1/2컵 • 설탕 4큰술 • 생강즙 1/2큰술 • 후춧가루 1/2작은술 • 맛술 2큰술
• 참기름 1큰술 • 통깨 1작은술

돼지갈비는 찬물에 담가두었다가 물을 여러 번 갈아가며 핏물을 완전히 빼낸 후 건져내 물기를 빼놓는다.
돼지갈비에 밑간을 해서 2시간 이상 재워둔다.(하룻밤 정도 냉장고에 재워두면 더 맛있다.) 간이 잘 배어
들었으면 종이 타올로 돼지갈비의 물기를 잘 닦아낸다. 튀김기름을 준비해서 생강을 넣고 튀겨 향을 내
준 후, 준비해둔 돼지갈비를 한번 튀겨서 건져낸다. 기름의 온도가 오르면 다시 한번 바삭하게 튀겨낸다.
냄비에 조림장을 넣고 끓이다 거품이 끓어오르면 튀겨놓은 돼지갈비를 넣어 살짝 무쳐낸 다음 준비해둔
야채를 넣어 색이 살도록 살짝 익혀 곁들여낸다.

tip 돼지갈비 강정이나 탕수육 등 고기를 튀길 때는 생강 자투리를 얇게 저며 기름에 먼저 튀겨내면 잡냄새를 없앨 수 있답니다.
　　밑간할 때 파인애플 주스를 넣어보세요. 고기가 연해지고 누린내가 없어진답니다.

돼지불고기

매콤하고 달콤한 돼지불고기는 갑자기 손님이 오셨을 때
간단하게 만들어서 내놓을 수 있는 메뉴로 제격이에요.
맛있는 양념에 재워서 불판에 지글지글 구워내면
푸짐하고 먹음직스러운 저녁상이 완성된답니다.
상추에 싸 먹거나 야채를 썰어 같이 구워 먹어도 좋아요.

- 돼지고기 600g(1.3lb), 얇게 썰어둔다

고기 밑간 • 흑설탕 2큰술 • 물 2큰술 • 맛술(또는 청주) 1큰술 • 생강즙 1작은술

양념장 참기름을 뺀 재료를 섞어둔다

- 고추장 2큰술 • 케첩 1큰술 • 간장 2큰술 • 다진 파 2큰술
- 다진 마늘 1큰술 • 후춧가루 1/2작은술 • 통깨 1큰술 • 참기름 2큰술

돼지고기의 앞뒷면에 밑간을 골고루 무쳐둔다. 밑간해둔 돼지고기에 양념장을 넣고 양념이 잘 배도록
조물조물 무친 후 참기름을 넣어 다시 한번 무친다. 그릴이나 석쇠, 프라이팬에 올려 앞뒤로 완전히 익을
때까지 구워준다.

같은 재료 다른 요리

양파, 풋고추, 브로콜리, 피망, 샐러리 등 야채를 썰어
돼지고기와 함께 볶은 후 밥 위에 먹음직스럽게 얹으면
한 끼 식사로 훌륭하답니다.

닭 강정

닭고기로 만들 수 있는 요리가 많지만
그중에서 아이들이 가장 좋아할 만한 요리가 바로 이 닭 강정이에요.
바삭하게 튀겨낸 닭 봉을 달콤한 강정 소스에 무쳐 내면,
맛은 물론 영양까지 뛰어난 엄마표 간식이 된답니다.

- 닭 봉 20개, 깨끗이 씻어 물기를 빼둔다 • 생강 2조각, 얇게 저민다 • 녹말가루 1컵 • 우유 1컵
- (선택 사항) 피망 1개, 먹기 좋은 크기로 썬다 • (선택 사항) 당근 ¼개, 둥글고 납작하게 썬다

밑간 • 생강즙 1작은술 • 간장 1큰술 • 참기름 1큰술 • 파인애플 주스 1큰술 • 후춧가루 약간

조림장 • 간장 5큰술 • 물 2큰술 • 설탕 4큰술 • 맛술 2큰술 • 생강즙 1큰술
• 후춧가루 1/2작은술 • 참기름 1큰술 • 통깨 1큰술

닭 봉을 우유에 30분 정도 재워 잡냄새를 없앤 후 물기를 제거하고 다시 20분 정도 밑간에 재워두었다가
녹말가루를 고루 입힌다. 튀김기름에 생강을 넣고 튀겨 향을 낸 후 준비해둔 닭 봉을 넣어 한번 튀겨서
건져낸다. 기름의 온도가 오르면 다시 한번 바삭하게 튀겨낸다. 냄비에 조림장을 넣고 끓이다가 거품이
끓어오르면 튀겨놓은 닭 봉을 넣어 살짝 무쳐내고 야채를 넣어 색이 살도록 살짝 익혀 곁들여 내도 좋다.

tip 닭 봉에 녹말가루를 묻힐 때는 물기 없이 꼼꼼하게 묻혀야 기름이 튀지 않아요.
또 조림장은 거품이 날 때까지 끓여서 무쳐줘야 닭의 바삭함을 유지할 수 있어요.

생선 양념구이

흰살생선에 고추장 양념을 한 다음 밀가루를 묻히고 기름에 지져낸
생선 양념구이는 겉은 파삭하고 속은 촉촉한 색다른 생선요리랍니다.
밥반찬으로 먹어도 좋지만 야채를 볶아 곁들이면 일품요리로 내도 손색이 없어요.

흰살생선 450g ● 밀가루 3큰술

밑간 ● 흑설탕물 1 ½큰술(흑설탕:물=1:1) ● 맛술 1큰술

생선 양념 참기름을 뺀 재료들을 잘 섞어둔다

● 고추장 2큰술 ● 케첩 2큰술 ● 간장 2큰술 ● 후춧가루 1/4작은술

● 다진 마늘 1큰술 ● 다진 파 2큰술 ● 참기름 1큰술 ● 통깨 1큰술

곁들이 야채 ● 데친 브로콜리 1컵 ● 주홍색과 빨간색 미니 파프리카 2개씩, 씨를 빼고 4등분한다

● 붉은 양파 1/4개, 둥글게 썰어둔다 ● 저민 아몬드 2큰술

야채 양념 ● 간장 1작은술 ● 다진 파 1/2작은술 ● 설탕 1작은술

생선은 밑간에 재워두었다가 양념을 넣어 잘 버무린다. 양념이 잘 배어들면 생선에 밀가루를 골고루 묻힌 다음 달군 프라이팬에 기름을 넉넉히 두른 후 중불에서 겉이 바삭하도록 지져낸다. 깨끗한 프라이팬에 기름을 두르고 준비해둔 야채와 아몬드를 넣어 살짝 볶아낸 다음 생선에 곁들여낸다.

tip 흰살생선은 대구, 동태, 민어 등을 쓰면 되고 양념에 버무려 냉장고에 1시간 이상 보관하면 간이 깊숙이 배어 더욱 맛있답니다.
이 요리에는 버섯, 가지, 아스파라거스 등의 야채를 곁들여도 좋아요.

황태구이

추운 바닷바람을 맞으며 백 일 동안 얼고 녹기를 거듭하는 동안
살이 스펀지처럼 부드러워진 황태는 단백질과 무기질의 함량이 높아
겨울철에 부족한 영양소를 보충해주는 건강식품이에요.
맛이 구수해서 국을 끓여도 좋지만 갖은 양념에 재워
노릇노릇 맛깔스럽게 구워내면 이보다 더 좋은 밥반찬이 없답니다.

● 황태 2마리 ● 흑설탕 2큰술 ● 물 2큰술 ● 맛술 1큰술

양념 참기름을 빼고 잘 섞어준다

● 간장 2큰술 ● 고추장 2큰술 ● 다진 파 1큰술 ● 다진 마늘 1작은술

● 통깨 1큰술 ● 참기름 2큰술 ● 후춧가루 약간

황태는 찬물에 잘 씻은 다음 머리와 지느러미를 떼어내고 흑설탕, 물, 맛술을 넣고 재운 후 20분 정도 냉장고에 넣어 불려둔다. 그런 다음 가시를 발라내고 껍질 쪽에 잔 칼집을 넣는다. 섞어둔 양념을 황태에 골고루 바르고 그 위에 참기름을 발라준 다음 다시 냉장고에 넣어 하룻밤 이상 재워둔다.(이삼일 재워두면 간이 잘 배서 더 맛있다.) 프라이팬에 기름을 넉넉히 두르고 황태의 배 부분을 먼저 익힌 다음 뒤집어서 한번 더 익힌다. 노릇하게 구워지면 적당한 크기로 잘라 접시에 담고 송송 썬 파와 통깨를 뿌려 낸다.

고기 야채 쌈

고기와 야채를 함께 볶아 상추에 싸먹는 요리예요.
영양을 골고루 섭취할 수 있고, 평소 부족한 야채를 충분히 먹을 수 있어 더 좋은 요리랍니다.

- 돼지고기 150g, 가늘게 채 썰어 생강즙으로 밑간을 한다 • 양파 1/2개, 채 썬다 • 당근 1/2개, 채 썬다
- 부추 5줄기, 5cm 길이로 자른다 • 불린 표고버섯 3개, 물기를 짜고 채 썬다
- 상춧잎(또는 양상춧잎) 10개, 씻어서 물기를 빼둔다 • 다진 마늘 1작은술 • 통깨 약간

밑간 • 생강즙 1작은술
양념 • 간장 1작은술 • 굴소스 1큰술 • 후춧가루 약간

프라이팬에 기름을 두르고 다진 마늘을 넣어 볶아 향을 낸 다음 생강즙으로 밑간한 돼지고기를 넣어 볶아준다. 고기가 거의 익으면 표고버섯을 넣고 같이 볶는다. 새 프라이팬을 준비해 부추, 양파, 당근을 넣어 볶은 후 미리 볶아놓은 고기, 버섯을 넣고 굴소스와 간장, 후춧가루로 양념하여 잠깐 더 볶아준다. 완성되면 상추와 함께 낸다.

깔끔 고기 쌈장

고기와 야채가 듬뿍 들어간 이 만능 쌈장은 저희 집에 오시는 손님 모두가 즐기는 대표 음식 중 하나랍니다.
쌈 야채와 함께 내도 좋지만 오이, 당근, 상추 등 싱싱한 야채를 채 썰어 비빔밥을 만들어 먹어도 좋아요.

- 돼지고기 간 것 300g • 양파(중간 크기) 1개, 잘게 다진다 • 생강즙 1작은술 • 고추장 1½큰술
- 된장 1½큰술 • 설탕 1큰술 • 맛술 1큰술 • 다진 마늘 1작은술 • 다진 파 2큰술 • 후춧가루 1/4작은술
- 통깨 1큰술 • 참기름 2큰술

달군 프라이팬에 다진 마늘과 파를 넣고 향을 낸 후 돼지고기와 양파를 넣어 볶다가 어느 정도 익으면 나머지 양념들을 넣어 돼지고기가 충분히 익을 때까지 볶아준다.

tip 쌈장에 멸칫가루나 표고버섯 가루, 표고버섯 불린 것을 다져 넣으면 또 다른 깊은 맛이 난답니다.

오향장육

예전에 친구들과 함께 갔던 허름한 중국집에서 맛보았던
오향장육 맛을 잊지 못해 가끔씩 흉내 내어 만들어보는 요리랍니다.
정식 오향장육처럼 갖가지 향을 다 넣고 만들지는 못하지만
제가 좋아하는 향을 넣어 윤이 나게 졸여낸 케이 킴표 오향장육을 소개할게요.

• 돼지고기 사태 600g • 생강 2쪽 • 적양배추 3잎 • 오이 1개
• 샐러리 1줄기 • 팔각(star anise) 2개 • 간장 6큰술 • 설탕 4큰술
• 청주(또는 맛술) 4큰술 • 통후추 5알

돼지고기는 덩어리째로 준비하여 찬물에 담가 핏물을 뺀 후 깨끗이 씻어 동
그랗게 실로 감아둔다. 냄비에 고기가 잠길 만큼 충분히 물을 넣어 끓인 후
고기와 저민 생강, 샐러리 한 토막을 넣고 고기가 무를 때까지 30분 정도 끓
인다.(고기를 찔러보아 맑은 물이 나오면 속까지 익은 것이다.) 다른 냄비에
간장, 설탕, 통후추, 팔각, 청주(또는 맛술), 고기 삶은 육수 1컵을 붓고 삶아
놓은 고기를 넣어 중불에서 윤이 나게 졸인다. 고기가 다 익으면 꺼내어 한
김 식힌 후 얇게 썰어 적양배추, 오이, 샐러리 등 야채를 채 썰어 곁들여낸
다.(채 썬 야채는 얼음물에 담가두었다 꺼내어 물기를 빼서 곁들이면 더욱 아
삭하다.)

tip 오향장육을 만들 때 제일 맛있는 부위는 발목 살(hock)이에요. 찬물에 담가 핏물을 뺀 후
뼈를 발라내고 삶으면 되는데, 그때 발라낸 뼈를 같이 넣으면 더 맛있답니다.

중국식 해산물 볶음

중국식 해산물 볶음은 적은 노력으로 큰 효과를 볼 수 있는 요리 가운데 하나예요.
만들기 쉬우면서 맛도 좋고 모양까지 화려해서 상에 올리면 푸짐하고 고급스러워 보인답니다.
특별한 날 손님 초대 요리로 만들어보세요.

- 큰 새우 8마리, 껍질과 내장을 제거한다 • 조개관자 3개, 얇게 저며 썰어둔다
- 오징어(몸통) 1마리, 껍질을 벗겨 안쪽에 칼집을 넣고 한입 크기로 자른다
- 홍합 8개, 껍질과 수염을 제거해 씻어둔다 • 죽순 1개, 빗살 모양으로 썬다
- 당근 1/2개, 먹기 좋은 크기로 얇게 썬다 • 홍피망 1/2개, 당근과 같은 크기로 썬다
- 양파 1/2개, 채 썬다 • 데친 브로콜리 1/2컵 • 표고버섯 2개, 4쪽으로 썰어둔다
- 베이비콘 5개, 반 갈라둔다 • 다진 생강 1/2작은술 • 다진 마늘 2작은술

양념 • 굴소스 2큰술 • 맛술 1큰술 • 참기름 1큰술 • 후춧가루 약간

달군 프라이팬에 기름을 두르고 다진 마늘과 다진 생강을 볶아 향을 낸다. 거기에 해산물과 야채를 넣어
각각 재빨리 볶아낸 후 큰 팬에 다 같이 쏟아 붓고 굴소스, 맛술, 후춧가루를 넣어 간을 하고 참기름을 넣
어 마무리한다.

PART3 SIDE DISH

해파리냉채

각양각색의 야채와 해물에 마늘향이 나는 소스를 끼얹어 먹는
해파리냉채는 만들기도 간단하고 모양도 화려해서
손님상의 인기 메뉴 중 하나랍니다.
베이식 소스를 활용하면 쉽게 냉채 소스를 만들 수 있으니
한번 도전해보세요.

- 해파리 1/2컵, 물에 담가 소금기를 제거하고 뜨거운 물에 헹궈 물기를 뺀다 • 배춧잎 2장, 채 썬다
- 오이 1/2개, 반달 모양으로 얇게 썬다 • 새우 10마리, 익혀서 반으로 가른다
- 레몬 1개, 둥글고 얇게 썰어서 4등분한다 • (선택 사항)편육 200g, 얇게 썬다 • (선택 사항)송화단 2개
- **냉채 소스** • 갠 겨자 1작은술 • 베이식 소스 5큰술 • 다진 마늘 1작은술 • 참기름 1작은술 • 후춧가루 1/4작은술

채 썬 배추와 해파리를 잘 섞어 접시 가운데 담고 얇게 썬 오이, 새우, 송화단, 편육, 레몬을 예쁘게 돌려
담은 후 위에 소스를 끼얹어낸다.

tip 겨자를 갤 때는 따뜻한 물과 겨잣가루를 같은 양으로 섞은 후 따뜻한 곳에서 10분 정도 두면 됩니다.
냉채에 피망이나 오징어, 전복 등 다른 야채나 해산물을 곁들여도 색다른 맛을 즐길 수 있어요.

시금치나물

완성된 시금치나물을 같은 길이로 단정하게 썰어보세요.
마음까지 반듯해지는 것 같아서 저는 늘 이렇게 만들곤 한답니다.
깔끔하고 정갈한 시금치나물, 여러분도 한번 만들어보세요.

시금치 1단 ● 소금 약간 ● 참기름 1큰술 ● 통깨 1작은술

시금치는 뿌리째 깨끗하게 씻은 후 끓는 소금물에 넣어 파랗게 데친 후 차가운 물에 헹군다. 시금치에 소금과
참기름을 넣어 조물조물 무친 후 통깨를 뿌린다. 뿌리를 자르고 5cm 정도의 길이로 썰어 예쁘게 그릇에 담는다.

홍어회 무침

오돌오돌 뼈째 씹히는 맛이 매력인 홍어회 무침은 제가 손님 초대상에 꼭 넣는 메뉴 중의 하나랍니다.
갑자기 손님이 찾아오셨을 때 만들어둔 홍어회 무침으로 맛있는 회냉면을 만들어 대접해도 좋아요.

- 홍어 230g, 길이 5cm, 폭 1cm로 썰어 식초에 재워둔다
- 무 1/4개, 홍어와 비슷한 크기로 얇게 썰어 베이식 소스에 재워둔다
- 오이 1/2개, 반으로 갈라 얇고 어슷하게 썬다 ● 통깨 1작은술

양념 참기름을 뺀 양념을 잘 섞어둔다

- 대파 1대, 채 썬다 ● 다진 마늘 1작은술 ● 맛술 1큰술 ● 베이식 소스 5큰술
- 고춧가루 3큰술 ● 생강즙 1작은술 ● 참기름 1큰술

준비해둔 홍어에 양념의 반을 넣어 무치고, 나머지 양념은 베이식 소스에 재워두었던 무에 넣어 오이와
함께 무친다. 참기름을 넣어 잘 섞은 후 접시에 담고 파와 통깨로 장식한다.

tip 미국에 사는 분들은 한인 슈퍼에서 파는 냉동 홍어에 식초를 부어 충분히 녹인 후 사용하시면 됩니다.

게살 호박선

호박 속에 게살을 넣고 톡 쏘는 겨자 소스로 맛을 낸 게살 호박선은
만들기도 쉽고 맛과 모양도 뛰어난 요리랍니다.
특히 외국인들도 쉽게 따라 만들 수 있고 좋아할 만한 요리가 아닌가 싶어요.
한식의 세계화를 꿈꾸며 정갈한 게살 호박선을 소개해봅니다.

- 애호박 2개, 3cm 길이로 자른 후 속을 파내 컵 모양을 만든다 ● 게살 100g(3.5oz), 잘게 찢어둔다
- 맛술 1작은술 ● 참기름 1작은술 ● 다진 잣 1작은술 ● 녹말가루 약간 ● 실고추 약간 ● 잣가루 약간

겨자 소스 ● 갠 겨자 1작은술 ● 베이식 소스 2큰술 ● 참기름 1작은술 ● 후춧가루 약간

잘게 찢은 게살에 맛술을 넣고 버무린 후 참기름을 두른 팬에 살짝 볶는다. 끓는 물에 소금을 약간 넣고 준
비해둔 호박 컵을 넣어 살짝 데쳐낸 뒤 게살을 속에 채워 넣는다. 그 위에 녹말가루를 뿌린 후 찜통에 넣어
녹말가루가 투명해질 때까지 5분 정도 쪄낸다. 실고추로 장식한 후 겨자 소스와 잣가루를 뿌려낸다.

쇠고기 호박선

호박 컵 속에 쇠고기와 표고버섯, 황백지단 같은 갖가지 고명을 넣어
겨자 소스를 살짝 뿌려 먹는 요리랍니다.
겉으로 드러나는 화려함은 없지만 산뜻한 맛에 다양한 재료가 어우러진
쇠고기 호박선은 애피타이저로 내면 좋아요.

- 애호박 2개, 3cm 길이로 잘라 속을 파내어 컵을 만든다
- 쇠고기 50g(1.8oz), 채 썬다 • 표고버섯 1개, 채 썬다
- 달걀 1개, 황백지단을 부쳐 채 썬다 • 녹말가루 1큰술
- 다진 잣 1큰술 • 실고추 약간

쇠고기와 표고버섯 양념 • 간장 2큰술 • 흑설탕 1큰술 • 다진마늘 1/2작은술 • 다진파 1작은술
• 참기름 1큰술 • 후춧가루 1/4작은술

겨자 소스 • 갠 겨자 1작은술 • 베이식 소스 2큰술 • 참기름 1작은술 • 후춧가루 약간

애호박은 끓는 소금물에 넣어 살짝 데쳐놓고, 채 썬 쇠고기와 표고버섯은 각각 양념에 무친 뒤 볶아둔다.
데친 애호박 컵 속에 쇠고기, 표고버섯, 황백지단을 채워 넣고 그 위에 녹말가루를 살짝 뿌린 후 찜통에
넣어 녹말가루가 투명해질 때까지 5분 정도 쪄낸다. 마지막으로 실고추로 장식하고 겨자 소스와 잣가루
를 뿌려낸다.

오징어김치

김치보다 깊은 맛이 나고 짜지 않은 오징어 김치는
한번 먹어본 사람은 그 맛을 잊지 못할 정도로 매력적인 음식이에요.
따뜻한 밥을 물에 말아 참기름과 통깨로
맛을 더한 잘 익은 오징어김치를 한 젓가락 올려보세요.
다른 반찬이 필요 없을 정도랍니다.

- 중간 크기의 무 1개, 채 썰어 소금을 살짝 뿌려둔다 • 물오징어 1마리, 껍질과 내장을 제거하고 채 썰어둔다
- 쪽파 2뿌리, 어슷하게 썬다 • 소금 1작은술 • 고춧가루 4큰술 • 물 3큰술 • 멸치액젓 1큰술 • 설탕 2큰술
- 다진 마늘 1큰술 • 생강즙 1작은술 • 참기름 1큰술 • 송송 썬 실파 약간 • 통깨 약간

고춧가루에 물, 멸치액젓, 다진 마늘, 실파, 생강즙, 설탕을 섞어 양념장을 만든 후 그릇 두 개에 나눠둔다.(미리 만들어놓아야 무치기 쉽고 색이 고와진다.) 채 썬 무와 오징어에 양념장을 넣고 각각 무친 후 한데 섞는다.(간이 배도록 따로 냉장고에 넣어두었다가 섞으면 더 맛있다.) 이틀 정도 지나 익으면 참기름과 통깨를 살짝 뿌리고 송송 썬 실파를 올려 내놓는다.

tip 익지 않은 오징어김치를 매콤하고 새콤하게 먹고 싶다면, 베이식 소스를 조금 넣은 후 참기름과 통깨를 살짝 뿌려내면 좋아요.

애호박 지짐

둥글게 썰어 기름에 지진 애호박을 층층이 쌓아올리고
그 위에 간장 소스를 끼얹어보세요. 소박하지만 맛좋은 밥반찬이 완성된답니다.
만들기도 쉽고 영양도 풍부해 여름철 입맛 없을 때 자주 해먹는
저의 단골메뉴예요.

- 애호박 1개, 둥글고 도톰하게 썬다

양념장 • 다진 홍고추 1작은술 • 다진 파 1작은술 • 다진 마늘 1/2작은술
• 간장 2큰술 • 설탕 1작은술 • 통깨 1/2작은술 • 참기름 1/2작은술

기름에 지진 애호박을 접시에 층층이 쌓아올린다. 만들어둔 양념장을 그 위에 끼얹어낸다.

깔끔 모듬전

명절이나 손님 초대상에 자주 오르는 전유어는
얇게 저민 고기나 생선에 밀가루 옷과 달걀 푼 것을 씌운 후 기름에 지진 음식이랍니다.
재료에 따라 모양도 맛도 다양한 각종 전으로 풍성한 식탁을 마련해보세요.

생선전

- 저민 대구살 230g(8oz) ● 달걀 1개, 황백으로 나누어 풀어둔다 ● 밀가루 1/2컵
- 소금, 후춧가루, 홍고추, 파슬리 약간씩

도톰하게 저민 대구살에 소금과 후춧가루로 밑간을 하고 밀가루를 얇게 입힌다. 홍고추는 얇게 썰고 파슬리는 잎을 뜯어 물기를 제거해둔다. 준비해둔 홍고추와 파슬리를 대구살 위에 얹고 달걀 푼 것을 각각 씌운 후 달군 프라이팬에 기름을 넉넉히 두르고 노릇하게 지져낸다.

녹두전

● 녹두 1컵, 충분히 불린 후 껍질을 벗겨둔다 ● 쌀 1큰술, 물에 불려둔다 ● 물 1/2컵
● 달걀 1개, 잘 풀어둔다 ● 배추김치 1/2포기, 물에 씻어 물기를 짠 뒤 작게 썬다 ● 양파 1/2개, 다진다
● 대파 3대, 짧게 채 썬다 ● 돼지고기 간 것 1컵
고기 양념 ● 간장 1큰술 ● 생강즙 1작은술 ● 다진 마늘 1작은술 ● 참기름 1큰술 ● 후춧가루 1/4작은술

불려서 물기를 빼놓은 녹두와 쌀에 물 1/2컵을 넣고 블랜더로 곱게 간 후 달걀을 섞어 반죽을 준비한다.
돼지고기에 간장, 생강즙, 다진 마늘, 참기름, 후춧가루로 밑간을 해둔다. 달군 프라이팬에 기름을 넉넉
히 두르고 2큰술 정도 반죽을 떠놓고 그 위에 돼지고기 간 것과 배추김치, 양파, 파를 얹어 노릇하게 지져
낸다.

새우 생선 야채전

큰 그릇을 준비해서 다진 대구살과 새우살, 당근, 파를 넣고 소금과 후춧가루로 밑간을 한다. 밀가루 1큰
술과 달걀 푼 것을 넣어 골고루 잘 섞은 후 달군 프라이팬에 기름을 두르고 한 수저씩 떠서 노릇하게 부
쳐낸다.

호박전과 표고버섯전

- 애호박 1/2개, 조개처럼 한쪽 끝이 붙게 얇게 썬다 • 마른 표고버섯 8장, 불려서 꼭지를 따놓는다
- 돼지고기 간 것 1/2컵 • 다진 양파 2큰술 • 두부 1/2모, 곱게 으깬다 • 달걀 2개, 잘 풀어둔다
- 밀가루 2큰술 • 소금, 후춧가루 약간씩

고기 양념 • 간장 1작은술 • 생강즙 1/2작은술 • 다진 마늘 1/2작은술 • 다진 파 1작은술 • 소금 약간

애호박은 소금을 살짝 뿌려 절이고, 돼지고기에 간장, 생강즙, 다진 마늘, 다진 파를 넣어 밑간을 한 다음 으깬 두부와 다진 양파를 섞어 소를 준비한다. 손질해놓은 표고버섯은 물기를 짜고 안쪽에만 밀가루를 묻혀 소를 채운 후 달걀물을 입혀 프라이팬에 기름을 두르고 지진다. 호박은 속과 겉에 밀가루를 고루 묻힌 후 속을 채우고 달걀물을 입혀 기름을 두른 프라이팬에 노릇하게 부친다.

tip 호박전에 들어가는 고기소의 양은 고기가 익으면서 두꺼워지므로 조금 적게 넣는 게 좋아요.
같은 방법으로 깻잎이나 고추에 고기소를 채워서 전을 만들 수 있답니다.

굴 생채

바다의 우유라 불릴 만큼 영양이 풍부한 굴을 아삭한 무채와 함께 매콤하게 무쳐보세요.
바다의 향이 입 안 가득 퍼지면서 입맛을 돋웁니다.

- 생굴 230g(8oz), 소금물에 살살 씻어 물기를 빼둔다 • 무1/3개, 채 썬다 • 대파 1대, 채 썬다
- 베이식 소스 5큰술 • 고춧가루 2큰술 • 다진 마늘 1작은술 • 멸치액젓 1큰술 • 맛술 1작은술 • 통깨 약간

굴은 소금물에 씻은 후 맛술에 재워둔다. 채 썬 무에 고춧가루를 넣고 버무린 후 고춧물이 어느 정도 배
어들면 베이식 소스와 파, 마늘, 멸치액젓을 넣고 잘 버무린다. 마지막으로 통깨와 굴을 같이 넣고 굴이
상하지 않도록 살살 무쳐낸다.

tip 냉동 굴은 소금물에 담가 녹인 후 사용하세요. 굴을 소금물에 씻는 이유는 단맛이 빠지지 않게 하기 위해서랍니다.
또 씻을 때는 뭉개지지 않도록 살살 씻어야 해요. 배와 미나리가 있으면 함께 무쳐먹어도 맛있답니다.

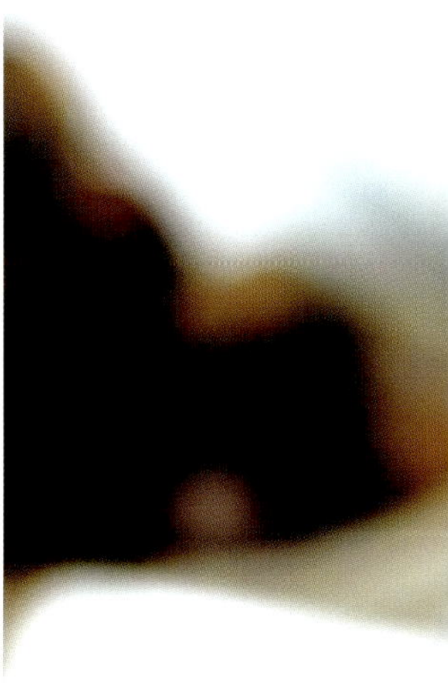

두부 강정

쉽게 구할 수 있는 두부로 간단하고 맛있는 강정을 만들어 보세요.
예고 없이 손님이 찾아오거나 저녁 반찬이 고민 될 때 손쉽게 만들어 내놓을 수 있는 요리예요.
두부를 적당한 크기로 잘라 녹말가루를 입혀 튀겨낸 다음 짭짤하고 달콤한 소스에 묻혀내면,
평범한 두부가 맛깔스러운 요리로 변신한답니다.

• 두부 1모, 사방 2cm 크기로 깍둑썰기 한다 • 브로콜리 1송이, 잘게 뜯어 소금물에 데친다

• 녹말가루 3큰술 • 소금, 후춧가루, 통깨 약간씩

조림장 • 간장 3큰술 • 설탕 1 ½큰술 • 맛술 1큰술 • 생강즙 1/2작은술 • 참기름 1큰술 • 후춧가루 1/4작은술

물기를 제거한 두부는 소금과 후춧가루로 밑간을 하고 녹말가루를 고루 묻힌 후 튀김기름에 넣어 노릇노
릇하게 튀겨내 기름을 빼둔다. 냄비에 조림장 재료들을 넣고 끓인다. 보글보글 끓어오르면 튀겨놓은 두
부와 데친 브로콜리를 넣어 재빨리 조림장에 묻혀낸다. 먹기 전에 볶은 통깨를 뿌린다.

오이소박이

아삭아삭 씹히는 시원한 맛이 일품인 오이소박이는
작은 오이에 십자로 칼집을 내고 소를 채운 김치로
누구나 쉽게 담가 먹을 수 있는 여름 김치랍니다.
보통은 부추나 당근을 넣지만 그냥 고춧가루 양념으로만 속을 채워도 맛있어요.

- 피클 오이 6개(또는 조선 오이 3개) • 부추 1단, 씻어서 4cm 길이로 자른다 • 파 1뿌리, 송송 썰어둔다
- 당근 1/4개, 채 썰어둔다 • 잣 1큰술 • 굵은 소금 2큰술 • 물 2컵

양념 • 고춧가루 2큰술 • 멸치액젓 3큰술 • 물 2큰술 • 다진 마늘 1큰술
- 다진 생강 1작은술 • 설탕 1작은술 • 소금 1작은술

김치 속 만들기 고춧가루에 멸치액젓과 물을 넣어 불린 다음 마늘, 생강, 설탕, 소금을 넣어 잘 섞은 후 썰어둔 부추, 파, 당근을 넣어 잘 버무린다.

김치 만들기 오이는 굵은 소금으로 비벼 깨끗이 씻은 후 양끝을 잘라내고 5cm 길이로 잘라 가운데에 십자 모양으로 칼집을 낸다. 칼집을 낸 오이를 소금물에 넣어 2시간 정도 푹 절인다. 잘 절여졌으면 뜨거운 물에 잠깐 넣었다 건진 후 재빨리 찬물에 식혀 물기를 빼둔다. 절인 오이의 칼집 낸 부분을 벌려 그 안에 김치 속을 채운다. 실온에서 하루나 이틀 정도 익힌 후 냉장고에 넣어두고 먹는다. (덜 익은 오이소박이를 상에 낼 때는 베이식 소스를 살짝 뿌려주세요.)

tip 오이지를 담글 때처럼 절인 오이를 뜨거운 물에 잠깐 넣었다가 건져서 만들어보세요.
김치가 더욱 아삭하고 쉽게 무르는 것도 막아준답니다. 또 국물을 부을 때 오이를 절였던 물에 간을 맞춰 부으면 더 맛있어요.

중국식 오이김치

모양은 오이김치 같지만 새콤달콤하고 신선한 맛이 꼭 샐러드 같은 느낌을 주는
중국식 김치랍니다. 느끼한 음식을 먹을 때 곁들이면 잘 어울려요.

오이 2개(또는 피클용 오이 4개) ● 절임용 소금 1작은술 ● 다진 붉은 고추 1작은술
양념 ● 베이식 소스 5큰술(식초:설탕:소금=2.5:2:0.5) ● 홍피망 1/4개 ● 고춧가루 1작은술

오이는 굵은 소금으로 비벼서 잘 씻은 후 먹기 좋은 크기로 적당하게 잘라 소금물에 30분 정도 절여서 물
기를 빼둔다. 프라이팬에 기름을 두르고 붉은 고추 다진 것(또는 고춧가루)을 넣고 볶아서 고추기름을
만든다. 고추기름을 절여놓은 오이에 끼얹는다. 곱게 간 홍피망에 고춧가루와 베이식 소스를 섞어 양념
을 만든 다음 오이에 넣고 버무린다.

마른오징어무침

어릴 적 김장철에 자주 만들어 먹던 요리예요.
마른오징어를 멸치액젓 속에 넣어 불렸다가 잘게 썬 다음 갖은 양념을 넣어 만드는 요리인데,
소라젓과 맛이 비슷했던 기억이 나네요. 그 맛이 그리워 흉내내서 만들어봤답니다.

- 마른오징어 1마리, 물에 충분히 불려 채 썬다 • 꽈리고추 10개, 씨를 빼고 채 썬다
- 당근 1/4개, 채 썬다 • 양파 1/4개, 채 썬다 • 파 1뿌리, 채 썬다 • 미나리 3줄기, 4cm 길이로 자른다

양념 • 고춧가루 1큰술 • 다진 마늘 1작은술 • 설탕 1큰술 • 식초 1큰술 • 액젓 1큰술
• 통깨 1작은술 • 참기름 1작은술 • 맛술 1큰술

넓은 그릇에 고춧가루, 마늘, 식초, 설탕, 액젓, 맛술을 넣어 양념장을 만든다. 거기에 썰어둔 오징어와
갖은 야채를 넣어 버무린 후 마지막으로 참기름과 통깨를 넣어준다.

tip 참기름을 넣지 않으면 비린 맛이 날 수 있으니 잊지 말고 꼭 넣어주세요.

어릴 적 먹었던 소라젓 생각이 나서 멸치액젓을 넣고 골뱅이 무침을 해봤어요.
소라젓은 소금에 절인 통 소라를 적당하게 썰어서 채 썬 파와 고춧가루, 깨소금, 식초, 설탕을 넣고
마지막에 참기름을 둘러 만듭니다. 물에 만 밥과 함께 먹으면 정말 맛있어요.

골뱅이무침

갑자기 손님이 오셨을 때나 반찬하기 귀찮을 때
집에 있는 골뱅이 통조림과 냉장고에 남아 있는 야채들을 꺼내서
피시 소스로 무쳐 내보세요.
만들기 쉽지만 색다르고 맛있는 일품요리가 완성된답니다.
소면을 삶아 곁들이면 한 끼 식사로도 좋아요.

● 골뱅이 통조림 1캔, 골뱅이를 씻어서 먹기 좋은 크기로 썬다 ● 양배추 2잎, 채 썬다 ● 당근 1/2개, 채 썬다
● 양파 1/4개, 채 썬다 ● 홍피망 1/4개, 채 썬다 ● 오이 1개, 반으로 갈라 길게 어슷하게 썬다
양념장 ● 피시 소스(멸치액젓) 3큰술 ● 대파 1/4대, 채 썬다 ● 다진 마늘 1작은술 ● 맛술 1큰술
● 설탕 1큰술 ● 식초 1 ½큰술 ● 볶은 깨 1작은술 ● 고춧가루 2큰술 ● 참기름 1큰술

참기름을 뺀 모든 양념을 섞어 양념장을 만들어두고 먹기 직전에 준비해둔
골뱅이와 야채들을 넣어 무친 후 참기름을 넣어 다시 한번 섞어준다.

tip 먹기 직전에 양념장을 넣어 무쳐야 물기가 생기지 않아 싱싱해 보인답니다.

탕평채

탕평채는 다양한 재료의 색과 향이 어우러져
멋진 조화를 이루는 매력적인 궁중요리지요.
제가 소개하는 탕평채는 전통적인 탕평채와는 조금 다른
구절판 재료를 응용하여 겨자 소스로 맛을 낸 케이 킴식 탕평채랍니다.
새콤달콤하면서도 톡 쏘는 겨자의 맛, 궁금하지 않으세요?

- 청포묵 1모, 가늘게 채 썰어둔다
- 쇠고기 150g(1/3lb), 고깃결과 반대방향으로 가늘게 채 썬다
- 불린 표고버섯 5개, 가늘게 채 썬다 • 오이 1개, 파란 부분만 가늘게 채 썬다
- 당근 1개, 가늘게 채 썬다 • 달걀 2개, 황백으로 나누어 풀어둔다
- 잣 1큰술, 다진다

쇠고기, 버섯 양념장 • 간장 1큰술 • 흑설탕 1/2큰술 • 다진 마늘 1/4작은술
• 파 1작은술 • 참기름 1큰술 • 후춧가루 약간

겨자 소스 • 겨자가루 1큰술 • 베이식 소스 5큰술(식초:설탕:소금=2.5:2:0.5)
• 참기름 1작은술 • 후춧가루 1/4작은술

재료 볶기 달군 프라이팬에 기름을 두르고 양념장에 무친 쇠고기를 볶은 다음
그 국물에 채 썰어둔 표고버섯을 볶는다. 채 썰어둔 호박, 오이, 당근은 소금
을 살짝 뿌려두었다가 각각 볶아낸다.

지단 부치기 노른자와 흰자로 나누어 풀어둔 달걀을 체에 내려두고 기름을 묻
힌 종이 타올로 프라이팬을 코팅한 다음, 약한 불에서 황백지단을 부쳐낸다.
식으면 다른 재료들과 같은 길이로 채 썬다.

소스 만들기 겨자 가루에 따뜻한 물을 넣어 갠 후 따뜻한 곳에 놓아 숙성시킨
후 베이식 소스, 참기름, 후춧가루를 넣고 잘 섞어 소스를 만든다.

완성하기 접시에 채 썬 묵과 다른 재료들을 섞어 가운데 담고 남은 재료들을
접시 주위에 놓고 다진 잣을 뿌리고 소스를 끼얹는다.

tip 볶을 때 재료를 각각 따로 볶고, 같은 팬을 쓸 경우에는
재료가 바뀔 때마다 팬을 닦아 사용해야 각 재료 본연의 맛이 살아요.
젓가락을 이용해 살살 저어가며 볶으면 모양이 망가지지 않는답니다.

피시 볼

새우와 동태, 민어 등의 흰살생선과 야채를 잘게 다진 후
둥글게 빚어 기름에 튀겨내면 먹음직스럽고 깔끔한 피시 볼이 완성됩니다.
피시 소스와 베이식 소스의 맛이 어우러진
매콤새콤달콤한 디핑 소스에 찍어 먹으면 더 맛있답니다.

- 흰살생선 450g(1lb), 곱게 다진다 • 새우 10마리, 곱게 다진다 • 달걀 1개, 풀어둔다
- 다진 부추 1/2컵 • 다진 홍피망 1/2컵 • 맛술 2작은술 • 다진 마늘 1작은술 • 생강즙 1작은술
- 통깨 1작은술 • 후춧가루 1/4작은술 • 녹말가루 4큰술

디핑 소스 • 베이식 소스 2큰술 • 맛술 1작은술 • 피시 소스(멸치액젓) 2큰술
• 매운 청고추 1개, 잘게 다진다 • 홍고추 1개, 잘게 다진다

큰 그릇에 다져놓은 재료들과 맛술, 마늘, 생강즙, 달걀, 통깨, 후춧가루, 녹말가루 2큰술을 넣고 잘 섞은
다음 한 스푼씩 떠서 타원형으로 빚는다. 겉에 남은 녹말가루를 골고루 묻힌 후 기름에 튀겨낸다. 디핑
소스를 만들어 튀겨놓은 피시볼과 함께 곁들여 낸다.

새우꼬치

흔히들 음식은 눈으로 먼저 먹는다라고 합니다.
요리는 맛도 중요하지만 그에 못지않게 모양도 중요하기 때문이지요.
새우꼬치는 담백한 소스와 어우러지는 재료들의 순수한 맛에
보는 사람의 시선을 사로잡는 화려한 색감까지 더해진 요리로,
손님상의 애피타이저로 내면 좋은 요리랍니다.

- 중간 크기 새우 20개, 삶아서 꼬리는 남겨두고 껍질을 벗겨둔다 • 파인애플 통조림 1/2개분
- 피망 1개, 사방 2cm 정도로 먹기 좋게 잘라둔다 • 양송이 10개, 4등분하여 자른다
- 베이컨 10조각, 살짝 익혀 반으로 자른다 • 가는 꼬치 20개(20cm 정도), 물에 30분 정도 담가둔다
- **소스** • 파인애플 주스 4큰술 • 레몬 주스 4큰술 • 다진 파슬리 3큰술 • 간장 3큰술
  • 식용유 3큰술 • 소금 1/4작은술 • 후춧가루 1/4작은술

물에 담가두었던 꼬치의 물기를 닦고 피망, 베이컨, 양송이버섯, 새우, 파인애플 순으로 끼운다. 준비해
둔 소스에 1시간 정도 재워두었다가 달군 브로일러에 뒤집어가며 10분 정도 굽는다.

tip 새우꼬치를 하루 전에 만들어 냉장 보관했다가 구우면 간이 잘 배어 더 맛있답니다.

홍합 오븐 구이

바다의 영양이 듬뿍 담긴 홍합으로 맛있는 가족 건강식을 만들어보세요.
홍합 오븐 구이는 신선한 홍합으로 만들 수 있는 초스피드 일품요리랍니다.
마요네즈에 오이피클과 레몬즙, 파슬리를 섞은 소스를 얹어 구운 고소한 마요네즈 홍합구이와
피시 소스에 매운 고추, 라임을 섞은 소스를 얹어 구운 피시 소스 홍합구이를 소개합니다.

마요네즈 홍합구이

홍합 20개 • 마요네즈 4큰술 • 오이피클 2개, 씨를 제거하고 잘게 다진다 • 레몬즙 1큰술 • 다진 파슬리 3큰술

홍합 손질하기 홍합은 껍데기를 솔로 깨끗이 닦고 수염을 제거한 후 소금물에 넣어 해감한다. 끓는 물에 소금 1큰
술을 넣고 홍합을 5분 정도 살짝 데쳐 껍질이 벌어지면 한쪽 껍질만 떼어낸다.
마요네즈 토핑 다진 피클과 마요네즈, 레몬즙, 다진 파슬리를 섞어두고 손질한 홍합에 레몬즙을 살짝 뿌린 후 마
요네즈 토핑을 각각 1작은술 정도씩 올려 브로일로 예열한 오븐에서 4~5분간 굽는다.

피시 소스 홍합구이

• 홍합 20개 • 피시 소스(멸치액젓) 2큰술 • 라임즙 2큰술 • 청 · 홍고추 다진 것 1큰술씩
• 올리브유 1큰술 • 후춧가루 약간

홍합 손질하기 홍합은 껍데기를 솔로 깨끗이 닦고 수염을 제거한 후 소금물에 넣어 해감한
다. 끓는 물에 소금 1큰술을 넣고 홍합을 5분 정도 살짝 데쳐 껍질이 벌어지면 한쪽 껍질
만 떼어낸다.
피시 소스 토핑 청고추와 홍고추를 잘게 다진 후, 라임즙, 피시 소스(멸치액젓), 후춧가루, 올
리브유를 섞어두고, 손질한 홍합에 라임즙을 살짝 뿌린 다음 피시 소스 토핑을 각각 얹어 브
로일로 예열한 오븐에서 4~5분간 굽는다.

tip 냉동 홍합을 녹일 때는 냉장고에 하룻밤 정도 넣어둔 다음 국물을 따라버리고 사용하고,
생홍합은 끓는 소금물에 살짝 익혀서 쓰면 됩니다. 급하게 녹여야 할 경우에는 비닐 백에 담아 찬물에 20분 정도 넣어서 녹이면 돼요.

아스파라거스 베이컨 말이

아스파라거스를 고소한 베이컨에 말아 구워내는 요리로,
손쉽게 누구나 따라할 수 있는 요리랍니다.
파릇한 아스파라거스와 연분홍빛의 베이컨이 잘 어우러져
보기에도 예쁘고 손님 초대상의 애피타이저나 와인 안주로도 그만이에요.

- 아스파라거스 20개, 딱딱한 밑동을 자르고 깨끗이 씻어 물기를 빼둔다
- 베이컨 450g(1lb), 길이를 2등분한다 • 통깨 약간

다듬어둔 아스파라거스를 베이컨으로 돌돌 말아 오븐 팬에 가지런히 놓고 브로일로 예열된 오븐에서 베
이컨이 노릇노릇해질 때까지 구운 후 통깨를 뿌려서 낸다.

그린빈 샐러드

그린빈과 상큼한 간장 소스 맛이 어우러지는 그린빈 샐러드는
그 맛이 깔끔해서 밥반찬으로도 아주 좋아요.
그린빈을 아삭하고 파랗게 데쳐내는 것이 이 요리의 포인트랍니다.

- 그린빈 200g(0.4lb), 양끝을 다듬어둔다 • 소금 1큰술

간장 소스 • 간장 3큰술 • 설탕 2큰술 • 식초 1큰술 • 참기름 1큰술 • 통깨 1작은술 • 후춧가루 약간

끓는 물에 소금 1큰술을 넣고 그린빈을 살짝 데친 후 얼음물에 헹구어 물기를 뺀다. 만들어둔 간장 소스
를 끼얹어 30분 정도 냉장고에 넣어두었다 낸다.

tip 그린빈은 껍질째 먹는 가늘고 긴 콩이에요. 싱싱한 그린빈을 소금물에 살짝 데쳐 먹으면
　　달콤하고 아삭하게 씹히는 맛이 일품이랍니다. 아이들 영양간식이나 다이어트용 스낵으로도 좋아요.

그린빈볶음

그린빈은 달콤하고 아삭해서 파랗게 볶아 양식요리에 곁들이면 잘 어울린답니다.
모양도 맛도 깔끔한 그린빈의 매력에 빠져보세요.

- 그린빈 150g(0.3lb), 양끝을 잘라내고 다듬어둔다 • 버터 1큰술
- 슬라이스 아몬드 3큰술 • 소금 1큰술 • 후춧가루 약간

끓는 물에 소금 1큰술을 넣고 그린빈을 데친 후 얼음물에 헹구어 물기를 뺀다. 프라이팬에 버터 1큰술을
넣어 녹인 후 데친 그린빈을 넣고 볶아 소금과 후춧가루로 간을 하고 슬라이스 아몬드를 넣어 다시 한번
볶아준다.

피칸 배 샐러드

속살이 하얀 배와 피칸을 넣어 만든 샐러드예요.
시원하고 아삭하게 씹히는 맛이 일품인 배와 고소한 피칸이 만나 환상적인 조화를 이루어냅니다.

- 피칸 10개, 잘게 부순다 • 말린 체리 2큰술, 반으로 자른다
- 배 1개, 껍질을 벗긴 후 얇게 저며 설탕물에 담가둔다
- 새싹채소 1컵, 깨끗이 씻어 물기를 빼둔다 • 블루치즈 2큰술

드레싱 • 사과 식초 2큰술 • 레몬즙 1큰술 • 꿀 1작은술 • 올리브유 1큰술 • 소금, 후춧가루 약간씩

재료를 섞어 드레싱을 만들어둔다. 새싹채소 위에 썰어놓은 배를 얹고 그 위에 말린 체리와 다진 피칸,
블루치즈를 뿌리고 드레싱을 끼얹어 낸다.

tip 피칸 대신 호두를 써도 좋고 말린 체리 대신 건포도나 말린 크랜베리를 써도 됩니다.

새우 냉채 샐러드

가운데 레몬을 끼운 새우와 새싹채소 위에
마늘향이 나는 냉채 소스를 곁들여 손님상의 첫번째 메뉴로 내보세요.
보기만 해도 예쁘고 먹음직스러워서 모두 놀란답니다.

- 중새우 16개, 내장을 제거하고 소금물에 데쳐 껍질을 벗긴다 ● 오이 1개, 둥글고 얇게 자른다
- 새싹채소, 씻어서 물기를 빼둔다 ● 레몬 1개, 얇고 둥글게 썰어 4등분한다
- (선택 사항)팬지꽃, 씻어서 물기를 빼둔다

냉채 소스 ● 베이식 소스 5큰술(식초:설탕:소금=2.5:2:0.5) ● 참기름 1큰술
● 다진 마늘 1작은술 ● 후춧가루 1/4작은술

준비해둔 새우를 반 갈라 가운데 레몬을 끼워 준비해두고, 베이식 소스에 다진 마늘을
넣고 체에 걸러 건더기는 버린 다음 후춧가루와 참기름을 넣어 잘 섞어둔다.(마늘을 좋
아하면 체에 거르지 않아도 좋다.) 준비해놓은 샐러드 재료들을 개인 접시에 예쁘게
담은 후 냉채 소스를 위에 적당히 뿌린다.

미니 스프링 롤

스프링 롤의 생명은 바삭함에 있답니다.
작게 만들어 튀겨내면 먹기에도 좋고 더 바삭해서
애피타이저나 와인 안주로도 제격이에요.

• 미니 스프링 롤 스킨 40장 • 새우 450g, 껍질과 내장을 제거하고 다진다 • 다진 부추 1/2컵
• 마른 표고버섯 5개, 불려서 꼭 짠 다음 잘게 다진다 • 당근 1/4개, 잘게 다진다 • 달걀 흰자 약간

디핑 소스 • 베이식 소스 2큰술 • 맛술 1작은술 • 피시 소스(멸치액젓) 2큰술 • 매운 청고추 1개 • 홍고추 1개

큰 그릇에 다진 재료들을 모두 넣고 잘 섞는다. 섞은 재료를 스프링 롤 스킨 가운데 놓고 끝부분에 달걀
흰자를 발라가며 돌돌 만다. 기름에 노릇하게 튀겨낸 후 기름을 빼둔다. 베이식 소스에 맛술, 피시 소스,
매운 청고추, 홍고추를 다져 넣어 디핑 소스를 만든다. 접시에 튀겨낸 스프링 롤을 담고 디핑 소스를 곁
들여낸다.

tip 미니 스프링 롤 스킨이 없으면 스프링 롤 스킨을 4등분해서 쓰면 됩니다.

오렌지 샐러드

샐러드의 매력은 원하는 재료를 섞어 맛을 완성하는 데 있지요.
서로 다른 재료들이 만나 새로운 맛을 만들어내니까요.
설탕을 입힌 아몬드의 달콤함과 오렌지의 상큼함이 만나는
로맨틱한 오렌지 샐러드를 소개합니다.

- 오렌지 1개, 양끝을 잘라내고 껍질을 벗겨 반으로 가른 후 얇게 썬다
- 붉은 양파 1조각, 얇게 링 모양으로 썬 후 흐르는 찬물에 씻어 매운 맛을 빼둔다
- 새싹채소 1컵, 씻어서 물기를 빼둔다 • 오이 1/2개, 동그랗고 얇게 썬다
- 래디시 2개, 동그랗고 얇게 썬다

캔디드 아몬드 • 채 썬 아몬드 70g • 설탕 3큰술

드레싱 • 올리브유 2큰술 • 설탕 1큰술 • 레드와인 식초 2큰술 • 소금 1/2작은술
• 다진 파슬리 1작은술 • 후춧가루 약간

캔디드 아몬드 만들기 껍질을 벗겨서 가늘게 채 썬 아몬드와 설탕을 프라이팬에
넣고 볶는다. 설탕이 녹아 잘 코팅될 때까지 저어준다. 아몬드가 그릇에 들러
붙지 않도록 그릇에 기름을 바른 다음 아몬드를 쏟아 식힌다.

샐러드 만들기 설탕, 레드와인 식초, 소금, 후춧가루, 올리브유, 다진 파슬리를
잘 섞어 드레싱을 만들어두고, 큰 접시에 준비한 새싹채소와 양파, 오이, 오
렌지, 래디시를 담고 아몬드를 뿌린 뒤 드레싱을 끼얹어서 낸다.

그린 샐러드

접시에 자연의 싱싱함을 그대로 담아낸 그린 샐러드는
간단하면서도 비타민과 미네랄, 섬유질 등을 한꺼번에 섭취할 수 있는
영양 가득한 샐러드랍니다.

- 상추 1포기, 깨끗이 씻어 물기를 빼둔다 ● 방울토마토 12개, 반 가른다
- 붉은 양파 1/4개, 링 모양으로 썬 다음 흐르는 찬물에 씻어 매운 맛을 빼둔다
- 레디시 4개, 잘 씻어 둥글고 얇게 썬다 ● 치커리 약간, 잘 씻어 물기를 빼둔다
- 오이 1개, 잘 씻어 둥글고 얇게 썬다 ● 스타프루트, 얇게 썬다

드레싱 ● 화이트와인 식초 2큰술 ● 올리브유 2큰술 ● 설탕 1큰술 ● 소금 1/4작은술 ● 후춧가루 약간

재료들을 잘 섞어 드레싱을 만들어두고 접시에 모든 재료를 예쁘게 담아낸 다음 그 위에 드레싱을 적당
히 뿌린다.

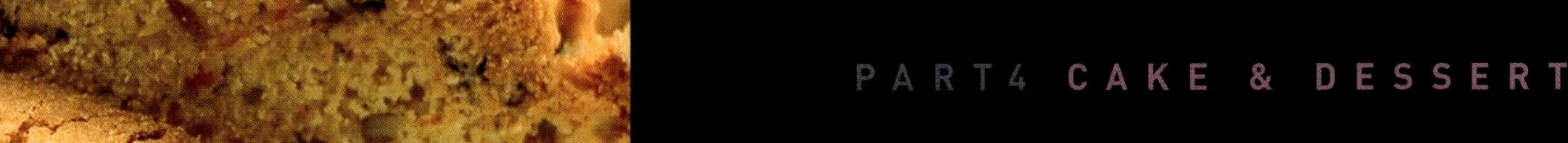PART4 CAKE & DESSERT

과일 플라워

식후 디저트로 예쁘게 깎은 과일보다 더 좋은 것이 있을까요?
맛있는 케이크나 떡을 곁들여도 좋겠지만, 불어나는 체중이 걱정이라면
입가심할 정도로만 예쁘게 과일을 썰어서 내어보세요.

- 칸털루프멜론 1/4개, 껍질을 벗긴 후 얇게 썬다 • 딸기 5개, 씻어서 물기를 제거한 후 반으로 썬다
- 키위 2개, 껍질을 벗긴 후 둥글고 얇게 썬다 • 청포도 약간, 씻어서 물기를 빼둔다
- 적포도 약간, 씻어서 물기를 빼둔다 • 오렌지 1개, 껍질을 벗긴 후 얇게 썬다

접시에 잘라놓은 과일들을 예쁘게 담고 파슬리나 민트 잎으로 장식하여 낸다.

과일 꼬치

여러 가지 과일을 색을 맞추어 꼬치에 끼워봤어요.
특별한 손님이 왔을 때 만들어 대접하면 만든 사람의 정성이 가득 느껴질 거예요.

• 블랙베리 5개, 씻어 물기를 닦아둔다 • 키위 2 ½개, 껍질을 벗기고 블랙베리 크기의 네모로 썬다
• 망고 1/2개, 껍질을 벗기고 크기를 맞추어 썬다 • 수박 1쪽, 크기를 맞추어 썬다 • 꼬치 5개

같은 크기로 썰어놓은 과일들을 블랙베리, 수박, 망고, 키위 순으로 꼬치에 끼워서 낸다.

비스코티

비스코티는 이탈리아어로 두 번 굽는다는 뜻이에요.
보통 아몬드나 피스타치오 등을 넣어 굽지만,
저는 조금 색다르게 피칸, 말린 체리, 오렌지 제스트를 넣어 구워봤어요.
이렇게 하면 은은하게 오렌지 향이 나서 더 맛있답니다.

- 밀가루 2¼컵, 체에 쳐둔다 • 설탕 3/4컵 • 버터 115g(4oz), 실온 상태에 20분 정도 놓아둔다
- 달걀 2개 • 베이킹파우더 1작은술 • 오렌지 제스트 2큰술 • 피칸 2/3컵, 잘게 썬다
- 말린 체리 2/3컵 • 소금 1/4작은술

밀가루, 베이킹파우더, 소금은 체에 쳐두고 큰 그릇에 녹인 버터와 설탕을 넣어 고운 크림 상태가 될 때까지 잘 저어준다. 거기에 달걀과 오렌지 제스트를 넣어 충분히 섞은 후 체에 쳐둔 밀가루와 잘게 부순 피칸, 말린 체리를 넣어 다시 한번 섞어준다. 완성된 반죽을 납작하고 긴 타원형 모양으로 만든 다음 170도(화씨 350도)로 예열된 오븐에 넣어 40분 정도 굽는다. 구워진 비스코티를 충분히 식힌 후 빵칼로 1.5cm 두께로 썬다. 다시 160도(화씨 325도)로 예열된 오븐에 넣어 8분간 굽고, 뒤집어서 8분간 더 구워준다.

tip 버터와 설탕을 섞을 때 핸드믹서를 사용하면 편리해요. 비스코티를 오븐에 구울 때는 반죽 표면이 갈라지기 전에 꺼내야 합니다. 완전히 식힌 후에 빵칼로 자르면 부스러지지 않고 예쁘게 자를 수 있어요.

슈크림

슈(chou)는 원래 프랑스어로 양배추라는 뜻이라고 하네요.
오븐에 구우면 양배추 모양으로 부풀기 때문에 그렇게 부른다고 합니다.
속에 커스터드 크림을 채워 넣은 부드럽고 달콤한 슈크림을 직접 만들어보세요.
한입 베어 무는 순간 행복을 느낄 수 있을 거예요.

(슈 20개분)
- 버터(또는 마가린) 115g(4oz) • 밀가루 1컵, 체에 쳐둔다 • 물 1컵 • 달걀 4개
- 슈거파우더 약간 • 딸기 10개, 씻어서 물기를 제거한 다음 잘게 썬다
- 키위 2개, 껍질을 벗기고 잘게 썬다 • 오렌지 1개, 껍질을 벗기고 잘게 썬다

커스터드 크림 • 녹말가루 2큰술 • 우유 2컵 • 설탕 1/2컵 • 소금 1/4작은술
• 바닐라 1/2작은술 • 버터 1큰술 • 달걀노른자 4개

슈 만들기 냄비에 물 한 컵을 넣고 끓기 시작하면 버터를 넣고 녹인다. 잘 녹았으면 불을 끄고 재빨리 체
에 쳐놓은 밀가루를 넣어 뭉치지 않도록 익반죽한다. 반죽에 달걀을 한 개씩 넣어가며 핸드믹서로 저어
반죽의 농도를 조절한다. 오븐을 200도(화씨 390도)로 예열한 다음 준비된 반죽을 숟가락이나 짤 주머니
를 이용하여 지름 2cm 크기로 만들어 오븐용 팬에 배열한다.(굽는 동안 반죽이 부풀어 오르기 때문에 적
당히 간격을 두어 놓아준다.) 오븐에 15분간 굽다가 온도를 낮추어 180도(화씨 350도)로 20분 정도 더 굽
는다.

커스터드 크림 만들기

A 프라이팬에 체 친 녹말가루, 우유, 설탕, 소금을 넣고 약한 불에서 저어가며 섞다가 거품이 나고 걸쭉
　해지면 불을 끈다.
B 우묵한 그릇에 달걀노른자를 넣고 잘 푼 다음 A를 천천히 조금씩 넣어 잘 섞어준다.
C B를 약한 불에 올려 바닐라와 버터를 넣고 다시 잘 섞어 살짝 끓인 다음 차갑게 식힌다.

완성하기 구운 슈를 반으로 갈라 그 속에 커스터드 크림을 넣고 준비해둔 과일로 장식한 후 슈거파우더를
뿌려낸다.

tip 커스터드 크림 대신 인스턴트 바닐라 푸딩 믹스에 우유를 섞어 속을 채워도 좋아요.

나폴레옹

나폴레옹은 프랑스의 대표적 디저트의 하나인 밀푀유(millefeuille)의 미국식 이름이에요.
나뭇잎이 겹겹이 쌓인 모양과 비슷한 퍼프 패이스트리를 바삭하게 구워
그 사이에 크림을 넣어 만듭니다. 너무 달지 않으면서
진한 맛이 나는 크림과 바삭한 패이스트리가 어우러진 환상의 맛을 느껴보세요.

- 냉동 퍼프 패이스트리 시트 2장 ● 우유 1큰술 ● 슈거파우더 1컵
- 크림 치즈 60g(2oz), 전자레인지에 20초 정도 살짝 녹인다 ● 슬라이스 아몬드
- 각종 과일(키위, 딸기, 만다린 오렌지 등)

커스터드 크림 ● 우유 2컵 ● 녹말가루 2큰술, 체에 쳐둔다 ● 설탕 1/2컵
● 소금 1/4작은술 ● 바닐라 1/2작은술 ● 버터 1큰술 ● 달걀노른자 4개

패이스트리 만들기 패이스트리 반죽을 가로 6cm, 세로 8cm로 잘라 오븐에 구운 다음 식힌다.

커스터드 크림 만들기

A 팬에 우유, 녹말가루, 설탕, 소금을 넣고 약한 불에서 저어가면 녹인다. 거품이 나고 걸쭉해지면 불을
끈다.

B 우묵한 그릇에 달걀노른자를 잘 풀어 넣고 A를 천천히 조금씩 넣어 잘 섞어준다.

C B를 약한 불에 올려 바닐라와 버터를 넣고 다시 잘 섞은 다음 살짝 끓인 후 식힌다. 식으면 크림 치즈
를 넣어 잘 섞어준다.

토핑 준비하기 슈거파우더에 우유를 넣고 고루 섞은 후 슈거파우더 믹스를 만들어놓는다. 키위는 얇고 둥
글게 썰어 4등분하고, 만다린 오렌지는 캔에서 꺼내 물기를 빼둔다. 딸기는 적당한 크기로 썬다.

완성하기 패이스트리를 반 갈라 속에 커스터드 크림을 채운 다음 준비한 각종 과일을 예쁘게 얹는다. 슈
거파우더 믹스를 짤 주머니에 넣고 그 위에 뿌린 후 슬라이스 아몬드로 장식한다.

tip 짤 주머니가 없을 경우에는 지퍼락 끝에 구멍을 내어 사용하면 됩니다.

과일 타르트

종잇장처럼 얇은 필로도우를 여러 겹 겹쳐서
컵케이크 팬 속에 넣어 구워 컵을 만든 다음,
그 위에 크림과 과일을 예쁘게 담아내는 과일 타르트는
맛은 물론 모양까지 예뻐서 먹는 사람의 눈까지 행복하게 해준답니다.

● 필로 시트 6장 ● 버터 2큰술 ● 흑설탕 1 ½큰술 ● 슬라이스 아몬드 2큰술 ● 잘게 썬 복숭아 1/2컵
● 블루베리 1/3컵 ● 블랙베리 13컵 ● 라즈베리 1/3컵 ● 꿀 2큰술
커스터드 크림 ● 우유 2컵 ● 녹말가루 2큰술 ● 설탕 1/2컵 ● 소금 1/4작은술 ● 바닐라 1/2작은술 ● 버터 1큰술
● 달걀노른자 4개 ● 크림 치즈 57g(2oz), 실온에 두거나 전자레인지에 20초 정도 돌려 녹인다

커스터드 크림 만들기

A 팬에 우유, 체에 친 녹말가루, 설탕, 소금을 넣고 약한 불에서 저어가며 섞는다. 거품이 나고 걸쭉해지
   면 불을 끈다.
B 우묵한 그릇에 달걀노른자를 잘 풀어 넣고 **A**를 천천히 조금씩 넣어 잘 섞어준다.
C **B**를 약한 불에 올린 후 바닐라와 버터를 넣고 다시 잘 섞어 살짝 끓인 다음 식혀서 녹여놓은 크림 치즈
   를 넣어 섞어준다.

타르트 만들기 버터를 전자레인지에서 20초 정도 돌려 녹여두고, 우묵한 그릇을 준비해 흑설탕과 슬라이
스 아몬드를 섞어둔다. 타르트 틀(컵케이크 팬) 안쪽에 녹인 버터를 바르고 필로 시트를 반 잘라 컵 모양
으로 채워 넣고 녹인 버터를 바른 후 섞어놓은 흑설탕과 슬라이스 아몬드를 1/2큰술 채워 넣는 것을 세
번 반복한다. 190도(화씨 375도)로 예열한 오븐에 넣어 10분 정도 구워낸다. 잘게 자른 복숭아, 블루베리,
블랙베리, 라즈베리에 꿀을 넣어 섞은 후 구워낸 타르트 틀 안에 크림을 채워 넣고 그 위에 과일을 얹어
낸다.

tip 블루베리나 블랙베리 대신 키위, 딸기, 포도, 복숭아, 파인애플, 만다린 오렌지 등 다른 과일을 꿀과 섞어 얹어내도 좋아요.

복숭아 파운드 케이크

어려서 즐겨 먹던 파운드 케이크의 맛을 그리워하다 찾아낸 레시피입니다.
덜 달면서 고소하고 깊은 맛이 나는 복숭아 파운드 케이크,
지금부터 만들어보세요.

- 밀가루 2 ½컵 • 베이킹파우더 1 ½작은술 • 달걀 4개, 풀어둔다
- 크림 치즈 227g(8oz, 1stick), 30분 정도 실온에 놓아둔다
- 버터(또는 마가린) 1컵, 30분 정도 실온에 놓아둔다 • 설탕 1 ½컵
- 바닐라 1 ½작은술 • 복숭아 통조림 1개(500g 정도), 국물은 버리고 잘게 썬다
- 호두 또는 피칸 1컵, 잘게 썬다 • 슈거파우더 1큰술

오븐을 160도(화씨 320도)로 예열하고 밀가루와 베이킹파우더를 체에 쳐둔다.
우묵한 그릇에 크림 치즈, 버터, 설탕, 바닐라, 달걀을 넣고 핸드믹서로 잘 섞
은 후 체에 내린 밀가루와 베이킹파우더를 넣고 다시 섞는다. 반죽에 준비해
둔 복숭아와 호두(또는 피칸)를 넣어 섞은 후 쿠킹 스프레이를 뿌린 파운드케
이크 틀에 부어 160도(화씨 320도)로 1시간 정도 굽는다. 꼬치로 찔러보아 반
죽이 묻어나지 않으면 바로 틀에서 꺼내 식혀서 위에 슈거파우더를 뿌려낸다.

tip 복숭아 통조림 대신 과일 칵테일 통조림을 사용해도 좋아요.

파인애플 크림 케이크

손님을 초대했을 때 오늘은 디저트로 뭘 만들까 고민하게 되는데요.
그럴 때는 크림 속에 섞인 새콤달콤한 파인애플이 케이크와 어우러진
파인애플 크림 케이크를 만들어보세요.
만들기도 쉬운데다 보기에도 예뻐서
단번에 손님들의 시선을 사로잡을 수 있답니다.

케이크 시트 • 밀가루 80g, 체에 내린다 • 달걀 3개 • 설탕 80g • 버터 20g, 녹여둔다
크림 • 인스턴트 젤로 바닐라 푸딩 믹스 96g(3.4oz) • 우유 2컵 • 크림 치즈 85g(3oz)
　　　 • 파인애플 통조림 1개(잘게 자른 것), 체에 걸러 국물을 빼둔다 • 휘핑크림 227g(8oz)

케이크 시트 만들기 큰 그릇에 달걀을 넣어 푼 다음 설탕을 두세 번에 나누어 넣으면서 거품기로 거품을 낸다.(처음에는 약하게 하다가 점점 속도를 빠르게 한다.) 들어 올렸을 때 천천히 떨어질 정도가 되면 체에 내려둔 밀가루를 넣고 가루가 보이지 않을 정도로만 고무 주걱으로 아래에서 위로 퍼 올리듯 반죽을 섞어준다. 녹여둔 버터를 부어 재빨리 고무주걱으로 바닥까지 잘 섞어준 다음 준비해놓은 팬에 부어 탁탁 두들기며 공기를 빼준다. 180도(화씨 350도)로 예열한 오븐에서 15~20분 구운 후 오븐에서 꺼내 식힌다.

크림 만들기 인스턴트 젤로 푸딩 믹스에 우유를 넣고 섞다가 굳기 시작하면 전자레인지에서 20초 정도 살짝 녹인 크림 치즈를 넣어 잘 섞어둔다.

케이크 만들기 완전히 식은 케이크 시트 위에 만들어둔 크림을 고루 바르고 그 위에 파인애플을 골고루 펴서 얹는다. 파인애플 위에 휘핑크림을 잘 바른 다음 냉장고에 넣어 차게 식힌 후 낸다(냉동실에 30분 정도 넣어두었다 자르면 깔끔하게 잘 잘라진다). 케이크 위에 딸기, 키위 등 과일을 센스 있게 장식해도 좋다.

tip 인스턴트 젤로 바닐라 푸딩 믹스를 구하기 어렵다면 커스터드 크림을 직접 만들어보세요(191페이지 슈크림 레시피 참고).
　　케이크 시트를 만들 시간이 없다면 시중에서 파는 케이크 믹스를 이용해도 됩니다.
　　또 파인애플을 거르고 남은 통조림 국물은 냉동실에 넣어 얼렸다가 고기 밑간을 할 때 쓰면 유용하답니다.

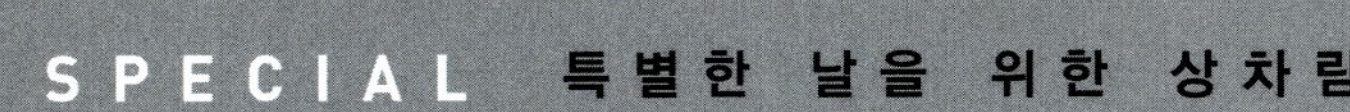
SPECIAL 특별한 날을 위한 상차림

부모님 생신상

어른들을 위한 상차림은 건강에 좋은 재료를 넣어 만든 정갈한 한식 상차림이 좋아요.
튀기거나 볶아서 만든 요리보다는 소화가 잘 되는 찜이나 각종 무침을 내어보세요.
상을 화려하게 돋보이게 해주는 구절판 같은 요리를 하나쯤 넣어 정성과 솜씨를 뽐내보아도 좋겠죠.

애피타이저

해파리냉채 p126
군만두 p92

메인 디시

층층 비빔밥 p62

사이드 디시

오이소박이 p150
애호박 지짐 p138

디저트

복숭아 파운드 케이크 p196

친구들 초대상

이웃이나 친구들의 점심모임에는 나만의 솜씨가 돋보이는
독특하고 맛있는 요리를 준비해서 친구들을 깜짝 놀라게 해보세요.

집들이 상차림

집들이 음식을 애피타이저, 메인 디시, 디저트로 나누어 내보세요.
음료수와 함께 애피타이저를 낸 후 잠시 후에 메인 디시를 내면
음식의 맛을 음미하면서 천천히 즐길 수 있어서 더 좋아요.
식사가 끝나면 상을 정리하고 기분을 바꿔 디저트와 차로 마무리하면 됩니다.

애피타이저

구절판 p88

메인 디시

중국식 새우
브로콜리볶음 p100
고기 야채 쌈 p116
두부 강정 p148
생선 양념구이 p112
게살 호박선 p132

디저트

파인애플 크림 케이크 p198

남편 친구들 초대상

갑자기 예고도 없이 남편 친구들이 찾아왔을 때는
집에 있는 재료로 간단하고 맛있는 별미 요리를 만들어 분위기를 띄워보세요.
부담 없고 편안한 상차림이지만 아내의 센스가 돋보이는
우아하면서도 이색적인 안주들을 소개합니다.

크리스마스 파티 상차림

크리스마스에는 가족이나 가까운 친지들을 초대해
오붓하게 파티를 열어보세요. 맛있는 음식 몇 가지를 준비하고
테이블을 예쁘게 장식해서 크리스마스 기분을 내보는 건 어떨까요?

케이 킴의 깔끔 요리
ⓒ 케이 킴 2011

초판인쇄   2011년 4월 27일
초판발행   2011년 5월 11일

지은이   케이킴
펴낸이   김정순
책임편집   이은정
디자인   김리영 홍지숙
마케팅   한승일 임정진 박정우

펴낸곳   (주)북하우스 퍼블리셔스
출판등록   1997년 9월 23일 제406-2003-055호
주소   121-840 서울시 마포구 서교동 395-4 선진빌딩 6층
전자우편   editor@bookhouse.co.kr
홈페이지   www.bookhouse.co.kr
전화번호   02-3144-3123
팩스   02-3144-3121

ISBN   978-89-5605-523-7   13590

이 도서의 국립중앙도서관 출판시도서목록(CIP)는
e-CIP홈페이지(http://www.nl.go.kr/ecip/default.php)에서 이용하실 수 있습니다.(CIP제어번호:CIP2011001736)